U0173698

一个处于灭绝边缘物种
——麋鹿重回自然的故事

麋鹿

MILU
CHONGSHENG

世界野生动物保护的中国样板

SHIJIE YESHENG DONGWU BAOHU DE
ZHONGGUO YANGBAN

程志斌　白加德 / 著

中国环境出版集团·北京

图书在版编目（CIP）数据

麋鹿重生：世界野生动物保护的中国样板 / 程志斌,白加德著.
-- 北京：中国环境出版集团, 2023.4
ISBN 978-7-5111-5484-2

Ⅰ.①麋… Ⅱ.①程… ②白… Ⅲ.①麋鹿－动物保护－中国 Ⅳ.
①Q959.842

中国国家版本馆CIP数据核字(2023)第052955号

出 版 人	武德凯	
责任编辑	曹　玮	
装帧设计	彭　杉	

出版发行　中国环境出版集团
　　　　　（100062 北京市东城区广渠门内大街16号）
　　　　　网　　址：http://www.cesp.com.cn
　　　　　电子邮箱：bjgl@cesp.com.cn
　　　　　联系电话：010-67112765（编辑管理部）
　　　　　发行热线：010-67125803　010-67113405（传真）
印　　刷　玖龙（天津）印刷有限公司
经　　销　各地新华书店
版　　次　2023年4月第1版
印　　次　2023年4月第1次印刷
开　　本　787×960　1/16
印　　张　10.25
字　　数　160千字
定　　价　78.00元

著作委员会
ZHUZUO WEIYUAN HUI

　　2021年10月12日，在《生物多样性公约》第十五次缔约方大会（COP15）领导人峰会上，国家主席习近平发表主旨讲话时指出，生态文明是人类文明发展的历史趋势。这次COP15大会主题是"生态文明：共建地球生命共同体"，这是联合国《生物多样性公约》缔约方大会首次将"生态文明"作为大会主题。

　　生态文明建设是关系中华民族永续发展的根本大计。中华民族向来尊重自然、热爱自然，绵延5 000多年的中华文明孕育着丰富的生态文化。《庄子·齐物论》记载："天地与我并生，而万物与我为一。"其后历经2 000多年传承与发展，中国古代哲学思想"天人合一、道法自然"，时至今日仍具启示性意义。习近平总书记提出的"绿水青山就是金山银山"理念，以及多次强调的"生态兴则文明兴，生态衰则文明衰"，体现了中国政府对生态文明建设的高度重视。

　　守护地球家园，是人类共同的责任。像保护眼睛一样保护生态环境，像对待生命一样对待生态环境。保护野生动植物实质上就是保护人类赖以生存的生态环境，就是保护人类的家园。中国是世界上野生动物种类最丰富的国家之一。2015 年 12 月，习近平主席在津巴布韦考察野生动物救助基地工作时指出，野生动物是地球上所有生命和自然生态体系重要组成部分，它们的生存状况同人类可持续发展息息相关。

麋鹿为中国特有物种，国家一级保护野生动物，世界自然保护联盟（IUCN）濒危物种红色名录将其濒危等级定为野外灭绝（extinct in the wild, EW）。麋鹿是世界上最具传奇色彩的物种之一，在中国经历了种群繁盛、本土灭绝、流亡海外、重引入、种群复壮、迁地建群、放归野外、形成自然种群的传奇历程。麋鹿的命运与祖国的命运息息相关，"国家兴则麋鹿兴"。它曾一度流落海外，在中国本土灭绝，随着祖国的日益强大，1985 年，中英两国签订《麋鹿重引进中国协议》，22 只麋鹿从英国运抵中国。至此，麋鹿重新回到了它在中国最后消失的地方。麋鹿重引入是中国第一个重大的物种重引入项目。从本土灭绝到重引入，从繁衍复壮到成功野放，中国麋鹿保护得到世界认可。本书总结了中国重引入项目开展 38 年来的经验做法，对全球珍稀濒危物种重引入项目的实施具有重要的指导借鉴意义。

麋鹿得以重生，是在中国共产党的正确领导下完成的，离不开中国政府的支持，凝聚了国内外社会各界几代人的不懈努力，饱含着科研人员、环保人士、媒体人、志愿者和社会公众的努力和付出。麋鹿种群重建是中国生物多样性保护的一个缩影，展示了中国保护生物多样性的智慧，为国际社会提供了野生动物保护的有益示范。麋鹿重生展现了世界野生动物保护的中国样板。麋鹿保护的成就举世瞩目，与大熊猫、普氏野马、藏羚羊、川金丝猴、长江江豚、扬子鳄、丹顶鹤、朱鹮等濒危物种的保护构成了中国野生动物保护的成功范例。

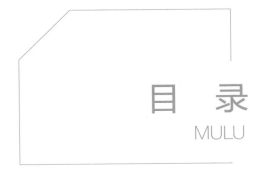

目 录
MULU

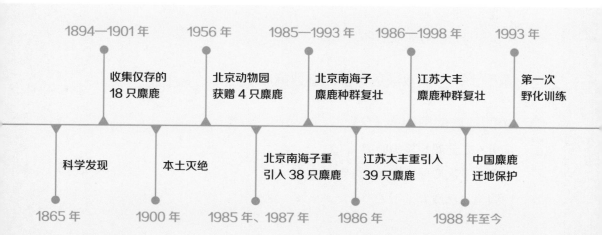

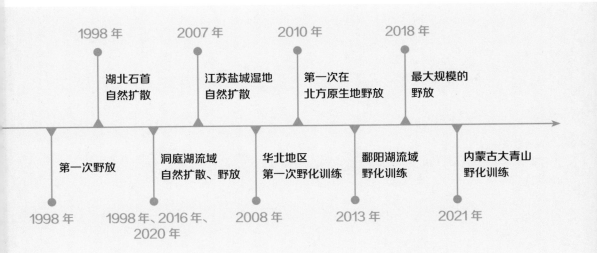

中国特有物种
——麋鹿

麋鹿（*Elaphurus davidianus*），因其脸似马、角似鹿、蹄似牛、尾似驴，俗称"四不像"。它是中国特有的珍稀濒危物种。

麋鹿是什么时候被科学发现的？

麋鹿，古人称之为"麋"，早在中国的甲骨文和石鼓文中就有"麋"字的记载。在中国历代古诗词中，述及麋鹿的就有300余首，《诗经》《楚辞》《孟子》中均有关于麋鹿的记载，《诗经·大雅·巧言》中有："彼何人斯？居河之麋。"《楚辞·九歌·湘夫人》中有："麋何食兮庭中？蛟何为兮水裔？"《孟子·梁惠王章句上》中有："王立于沼上，顾鸿雁麋鹿，曰：'贤者亦乐此乎。'"但是在动物学界中，麋鹿的学名是19世纪才有的。

"麋"字的几种甲骨文

1865 年，法国博物学家兼传教士阿芒·戴维在北京南海子的清朝皇家猎苑看见了被他描述为具有不同寻常特征的动物，它拥有鹿角、牛蹄、骆驼脖子，还有像驴尾但比驴尾更长的尾巴。1866 年 1 月，经过多番努力，他终于从猎苑守卒手中获得了一只成年母鹿和一只亚成体母鹿的皮张和骨骼，并运往法国。同年，法国巴黎自然历史博物馆米勒·爱德华馆长认定它为全新的物种。因此，麋鹿的英文名为"Père David's Deer"，即戴维鹿。麋鹿的模式标本至今仍被珍藏在法国巴黎自然历史博物馆。

北京南海子麋鹿苑的科普楼东侧有一座"麋鹿科学发现纪念碑"。该碑从正面看酷似一把钥匙；从背面看，是麋鹿的科学发现者阿芒·戴维手持望远镜向西窥探的姿态。

北京南海子麋鹿苑的
麋鹿科学发现纪念碑（正面）

北京南海子麋鹿苑的
麋鹿科学发现纪念碑（背面）

麋鹿在动物界中的分类

众所周知，麋鹿和大熊猫一样，都是我们的国宝，但麋鹿在动物界中到底处于什么位置呢？麋鹿在生物学分类中属于动物界、脊索动物门、哺乳纲、偶蹄目、鹿科、麋鹿属。

鹿科有鹿亚科（Cervinae）、獐亚科（Hydropotinae）、麂亚科（Muntiacinae）和空齿鹿亚科（Odocoileinae）共4个亚科，麋鹿属于鹿亚科家族。而鹿亚科中又有花鹿属（*Axis*）、鹿属（*Cervus*）、黇鹿属（*Dama*）和麋鹿属（*Elaphurus*）共4个属。

历史上麋鹿属共有5个种，现存麋鹿为达氏种（*Elaphurus davidiuans*），而蓝田种（*Elaphurus lantianensis*）、晋南种（*Elaphurus chinanensis*）、双叉种（*Elaphurus bifurcatus*）、台湾种（*Elaphurus formosanus*）已经在历史进化的长河中灭绝。

麋鹿与哪些鹿的亲缘关系更近呢？科学家根据鹿科动物的线粒体DNA序列全长，分析了碱基含量和遗传距离的关系，并构建了系统进化树，得出麋鹿与鹿属的亲缘关系较近，如梅花鹿和马鹿等。

陈列于天津自然博物馆的双叉麋鹿角化石

麋鹿有哪些典型的特征？

大型食草动物

麋鹿是食草动物，属大型鹿类动物，但是雌雄体型差异较大，只有雄鹿才长角。麋鹿成体体重 140～250 千克，最重的个体接近 300 千克；新生仔鹿体重 10～12 千克，最重的可达 14 千克；成体体长 160～200 厘米，肩高 110～130 厘米。

麋鹿属于大型食草动物

远离鹿群卧息的新生麋鹿

俗称"四不像"

麋鹿的脸似马较长；角似鹿而非鹿；蹄子似牛，宽大的蹄子在湿地上不容易沉陷，而且蹄子之间有皮腱膜，十分利于游泳；尾巴似驴，是鹿科动物中最长的，达 30 ～ 38 厘米，加上尾部末端的被毛，整个尾部可长达 65 厘米。它的拉丁学名中 *Elaphurus*，即长尾之意。它的长尾巴能够灵活地摆动，便于驱赶沼泽中的蚊蝇。宽大的蹄子和长尾巴这两个特征使得它们能够很好地在湿地环境中生活。

麋鹿是湿地旗舰物种

雄性麋鹿有角，雌性麋鹿无角

麋鹿喜水，擅长游泳

拥有独特的鹿角

麋鹿是鹿科动物中除狍子外，少有的在冬季脱角的物种。麋鹿角会很有规律地周期性脱落，脱角时间从每年冬至前后开始，野生麋鹿种群的脱角时间通常比圈养的种群要早。元朝吴澄的《月令七十二候集解》中将冬至分为三候："初候，蚯蚓结；二候，麋角解；三候，水泉动。"明朝李时珍在《本草纲目》中写道："麋喜沼而属阴，冬至解角。"麋鹿角脱落后，随即开始长茸，4月茸长成，随后进入茸皮脱落逐渐骨质化的时期；5—6月角骨质化完全。

麋鹿角的主枝是向前、向上生长，而梅花鹿、马鹿、白唇鹿等的鹿角主枝是向后、向上生长。麋鹿角角尖在同一个平面上，麋鹿角倒过来能够站立不倒，通常称之为"三足鼎立"，这是麋鹿独有的特征。

脱去左侧角的麋鹿

麋鹿在冬至前后开始脱角长茸

麋鹿角纪念柱

野外麋鹿角分叉更加复杂

鹿王争霸

奇特的繁殖方式

麋鹿是唯一在夏季发情的鹿科动物，每年5—8月发情。雄性麋鹿5岁左右成年，雌性麋鹿3岁左右成年。它的配偶制度为典型的"后宫制"，鹿王就像古代封建帝王一样可以拥有众多"嫔妃"，在北京南海子最多时能见到鹿王圈占60多个"嫔妃"的情况。

发情季节到来后，鹿群通常喜欢选择在一个开阔的水域周边集群栖息，这时水域周边就成了求偶场，发情的雄鹿会通过顶角"决斗"的方式来争夺交配权。在争斗中获胜的才能成为"鹿王"。

当鹿王是个体力活，发情季节它们通常不吃饭，既要防止"单身汉"来挑战，又要防止"嫔妃"们逃跑，只有在间隙时才顾得上喝几口水。因管理"后宫"而疲惫不堪的鹿王会被"挑战者"替代，整个发情季节，在北京南海子，140～200只的麋鹿群通常有20～30只鹿王更替。在野外更大的麋鹿群中，同一天可以有好几个发情场，同时有好几只鹿王。

麋鹿还是鹿科动物中怀孕周期最长的，它的妊娠期和人的一样长，为280天左右。

一雄多雌的配偶制度

鹿王发情占群，占有"后宫"

喜食水草

麋鹿是湿地动物，喜食水草，尤其喜欢采食禾本科、豆科、莎草科等草本植物，也喜欢采食杨树、榆树、柳树和柞树等树叶。虽是食草动物，也有科学家观察到麋鹿取食鱼的行为。

麋鹿喜食树叶

吃草的麋鹿群

历史上中国的麋鹿分布在哪里？

麋鹿属于广布种，历史上广泛分布于中国的长江流域、黄河流域的温暖湿润地带。根据中国已经出土的 300 多个麋鹿化石分布点，麋鹿的分布西达陕西渭河流域，北至辽宁省康平，南至海南岛，东至沿海平原及台湾岛，分布范围为 E110° 以东、N18° ～ 45°。国外仅在日本、朝鲜发现过麋鹿化石。

麋鹿是怎么野外灭绝的？

麋鹿至今有 200 万～ 300 万年的历史。据科学家考证，全新世早期至中期，也就是新石器时代至商周，是麋鹿繁衍的鼎盛时期。从商周时期开始，随着人口增多和气候变迁，麋鹿的分布范围和种群数量开始迅速减少。从商周至清朝，大量的麋鹿被长期饲养在历代的皇家园林（猎苑）中，至 19 世纪中叶，野生麋鹿已经灭绝，仅剩最后一群 200 余只麋鹿生活在北京南海子的皇家猎苑中。

有学者研究认为，野生麋鹿最后灭绝的地区可能在中国东部，特别是东南部的滨海地带或沿海岛屿。

在中国发现新物种麋鹿的消息轰动了西方各国，从 1867 年开始，英、法、德等国的在华人士通过各种手段从北京南海子带走了几十只麋鹿，在欧洲进行圈养，包括运往法国巴黎自然历史博物馆，以及安特卫普、柏林和科隆等地的动物园。

1877 年，外国学者来中国考察时，在北京南海子皇家猎苑仅观察到 150 余只麋鹿。19 世纪末，由于永定河决口，洪水泛滥，北京南海子皇家猎苑的围墙被冲毁，苑内圈养的 120 多只麋鹿被冲散，并遭到人为猎杀，北京南海子的麋鹿仅剩下二三十只。1900 年，八国联军入侵北京，皇家猎苑的麋鹿被西方列强劫杀一空。

自此，麋鹿这一在中国生存了几百万年的物种在中国本土灭绝。

纵观麋鹿的种群发展历史，我们可以总结出麋鹿野外灭绝主要包含自然和人为两大因素。中国近 5 000 年的气候变迁导致温度、湿度下降，干旱导致沼泽和水域面积减少，使得适合麋鹿栖息的生境面积减少。此外，适宜麋鹿栖息的湿地环境，同样也十分适合人类生活。中国人类文明的发展导致麋鹿栖息地面积减少及破碎化。夏商以来，由于农业文明的发展、人口的增加以及战争等，野生麋鹿赖以生存的生境丧失，加上人为的猎杀，野生麋鹿数量锐减。

一位麋鹿保护者——英国十一世贝福特公爵

1900 年，麋鹿在中国本土灭绝，被运往欧洲的麋鹿虽然幸免于战争的摧残，但是由于水土不服等因素的影响，种群数量逐渐减少，处于灭绝的边缘。

然而，幸运的是，此时，一位酷爱鹿科动物的人士——英国十一世贝福特（Bedford）公爵出现了。1894—1901 年，他花费重金将分散在巴黎、安特卫普、柏林、科隆等地的 18 只麋鹿（其中雄鹿 7 只、雌鹿 9 只和幼鹿 2 只）（表 1）全部买下，放养在他的乌邦寺庄园内，使麋鹿在灭绝边缘得以幸存。

表 1　1894—1901 年引入英国乌邦寺庄园的麋鹿

时间	来源	雄性	雌性	幼鹿
1894 年 10 月	法国巴黎自然历史博物馆	1	1	—
1895 年 8 月	巴黎动物园	2	1	—
1896 年 9 月	巴黎动物园	—	1	—
1897 年 10 月	安特卫普动物园	—	1	—
1898 年 9 月	安特卫普动物园	1	—	—
1899 年 9 月	巴黎动物园	2	2	—
1900 年 4 月	无记录	—	—	2
1900 年 11 月	科隆动物园	1	1	—
1901 年 3 月	柏林动物园	—	2	—
合计		7	9	2

1914 年，麋鹿数量从最初的 18 只发展到 88 只。但是，1914—1918 年，因战争原因大约有一半的麋鹿由于缺乏食物而死亡，到 1922 年，种群数量又下降至 34 只；不过，经过十一世贝福特公爵的努力，到 20 世纪中叶，麋鹿种群数量得以恢复，并且进一步增加到 255 只。

俗话说"永远不要把所有的鸡蛋都放到一个篮子里"。十二世贝福特公爵哈斯廷担心这群世上仅存的麋鹿毁于战火，从 1944 年起，他陆续将麋鹿送往世界各地的动物园，以降低麋鹿灭绝的风险。

据统计，截至 1979 年年底，全世界的麋鹿种群数量达到 994 只，其中乌邦寺庄园的数量超过 400 只。截至 1983 年年底，全世界的麋鹿已达 1 320 只，遍及亚、欧、非、美、澳各洲。截至 1986 年年底，世界上共有 20 个国家、147 个分布点圈养了 1 756 只麋鹿。

麋鹿在英国乌邦寺庄园

麋鹿的保护级别

麋鹿被列为中国《国家重点保护野生动物名录》一级保护野生动物，在濒危物种 IUCN 红色名录中，保护级别为野外灭绝（EW）。

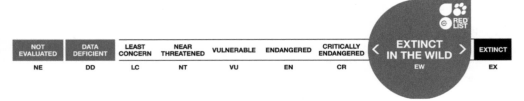

NOT EVALUATED	DATA DEFICIENT	LEAST CONCERN	NEAR THREATENED	VULNERABLE	ENDANGERED	CRITICALLY ENDANGERED	EXTINCT IN THE WILD	EXTINCT
NE	DD	LC	NT	VU	EN	CR	EW	EX

IUCN 濒危物种红色名录中麋鹿为野外灭绝

中国现今麋鹿分布在哪里？

随着北京南海子和江苏大丰两个奠基者种群的复壮，自 1988 年起我国陆续开展麋鹿迁地保护、野化训练、野外放归以及动物园之间的动物交换等保护工作，使得麋鹿种群分布地点逐年增多，麋鹿种群数量不断壮大。

截至 1997 年年底，中国麋鹿已经增长到 671 只，分布于 10 余处自然保护区、野生动物园和鹿场。截至 2001 年年底，麋鹿分布点增加到近 50 个，种群数量超过 1 200 只。截至 2015 年年底，麋鹿数量比 2001 年增加了 3 倍，共有 4 898 只麋鹿分布于 67 个分布点。截至 2020 年年底，麋鹿数量为 9 062 只，分布于 83 个分布点。

截至 2022 年 6 月，国内共有 89 个麋鹿分布点，种群数量达到 12 246 只，分布于 25 个省（区、市）（除陕西、甘肃、宁夏、新疆、西藏、广西、台湾、香港、澳门外）的 87 个县 / 区。最北为哈尔滨动物园，最南为海南热带野生动植物园。麋鹿野外种群突破 5 000 只，达 5 232 只，其中江苏黄海滩涂种群 3 716 只（江苏大丰麋鹿国家级自然保护区 3 116 只和江苏盐城湿地珍禽国家级自然保护区 600 只），湖北石首江北杨波坦、兔儿洲及江南三合垸种群 1 200 只，湖南洞庭湖种群 230 只，江西鄱阳湖种群 80 只。在北京南海子、江苏大丰、江苏泰州、辽宁千山、浙江临安、福建永泰、辽宁大连、山东日照、浙江慈溪、湖南洋沙湖等地拥有半散放麋鹿共 4 700 余只，其余主要生活在北京动物园、天津动物园、武汉动物园、秦皇岛野生动物园等 60 个动物园中。

2

重引入
——挽救濒危物种的有效措施

CHONG YINRU
WANJIU BINWEI WUZHONG DE
YOUXIAO CUOSHI

随着人类现代化和工业化的快速发展，目前全球生物多样性遭遇了严重危机，许多物种种群数量急剧下降，如东北虎、远东豹、亚洲象、白犀、中华穿山甲等哺乳动物，丹顶鹤、青头潜鸭等湿地鸟类，以及大部分两栖类和爬行类动物，它们的生存均受到人类活动的威胁。

那么我们该如何挽救这些濒危物种呢？建立国家公园、自然保护区及自然公园，保护它们的家园，给它们提供一个自然的生活环境，让它们能够繁衍后代；减少人为猎杀；减少人为干扰；迁地保护；建立种子库和基因资源库；修复生态系统……

对于在某一区域消失或者灭绝的物种而言，重引入是国际上公认的最有效的措施之一。

重引入（reintroduction），即将物种释放到其历史分布区域（历史分布区中，该物种已经消失或灭绝），重新建立一个可以长期自我繁衍的野生种群。

IUCN 发布的《物种重引入指南》（1998）中，明确指出了物种重引入的目的：使一个在全球范围内野生种群已经绝灭，或在某个地区内野生种群已经消失了的种、亚种或品种，重建或恢复自由生活并在自然选择条件下持续进化。重引入的最终目标：提高物种的长期生存能力；重建生态系统关键种（生态或文化意义）；维持并恢复自然界的物种多样性；为国家或地区提供长期经济效益；提高公众保护意识。

世界上首次物种重引入活动始于 1907 年，来自布朗克斯动物园的 15 只欧洲野牛（*Bison bonasus*）被野放至美国俄克拉何马州新建的保护区内。

全球范围内开展的濒危物种重引入项目较多，截至 2012 年，全球被报道实施的物种重引入项目数量超过 700 个。在 IUCN 濒危物种重引入报告中，2008—2021 年，全球开展了包含无脊椎动物、鱼类、两栖爬行类、鸟类、哺乳类在内的物种重引入项目有 337 个。

这些重引入项目为恢复珍稀濒危物种起到了至关重要的作用。欧洲野牛、猞猁、河狸、北美灰狼等均取得较大成功，它们的野生种群得以重现自然。例如，曾经野外灭绝的欧洲野牛，到了 2015 年，在欧洲已重建 38 个野生种群，数量达到 4 000 只。

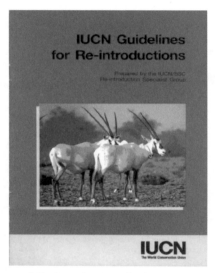

《物种重引入指南》（1998）

中国麋鹿的重引入

ZHONGGUO MILU DE

CHONG YINRU

重引入之前麋鹿保护的尝试

　　早在 1956 年和 1973 年，中英两国的动物保护人士就开始了麋鹿重回中国的尝试，英国伦敦动物学会分两次共赠送 4 对麋鹿给中国，饲养在北京动物园。1980 年，哈尔滨动物园通过动物交换方式从加拿大获得 1 对麋鹿。这时我国的科学家们开始对麋鹿进行研究和保护。

　　但是，在动物园的圈养环境中，麋鹿生活的面积较小，它们的野性行为无法得到自然释放。根据历史上的重引入实践经验，奠基者种群的大小是重引入项目成功的关键。在以上 3 次动物园之间的麋鹿重回故土活动中，麋鹿数量仅有 1 ～ 2 对，种群数量极少；同时，由于难产、疾病、繁殖后代少等诸多因素，最终圈养种群没有得到繁衍壮大，以失败而告终。

　　于是，中外科学家们发出让麋鹿回归原生地、恢复其野生种群的倡议，这一倡议得到中英两国政府的积极响应和支持。

中国第一次麋鹿重引入——北京南海子

早在 1979 年，动物学家谭邦杰先生等就在中国的主要媒体上呼吁，将流落海外的麋鹿引回中国。1983 年，中国驻英国大使馆正式联系英国乌邦寺庄园当时的主人塔维斯托克侯爵（十四世贝福特公爵），表示中国政府非常希望能够得到侯爵的支持，将麋鹿重引入中国。第一个麋鹿重引入项目在中英两国政府的支持下开展，目的是让麋鹿重回中国，最终恢复麋鹿曾经在中华大地上的野生状态。

第一个麋鹿重引入项目地点为什么选在北京南海子？

早在元朝时期就有皇家猎苑，即现在的北京南海子，麋鹿被皇家作为狩猎动物，在皇家猎苑里驯养繁殖。明朝时期，猎苑面积扩大数倍至160 多平方公里，并在四周建起围墙。清朝时期，南海子更名为南苑，乾隆皇帝撰写的文章《麋角解说》的故事即发生在此。20 世纪 90 年代，皇家猎苑区域内的凉水河出土过大量的麋鹿角和麋鹿骨骼的亚化石，证明了北京南海子是麋鹿的历史分布地。

1984 年，麋鹿重引入项目组专家（谭邦杰、玛雅·博依德、王宗祎、郑作新、金鉴明、汪松、曹克清、宋世孝、李渤生、黎先耀等）先后赴北京、江苏、湖北、辽宁等地进行了考察，赴上海和天津等地对麋鹿的化石资料进行了研究。

在选择北京南海子作为重引入地之前，塔维斯托克侯爵和项目组主要负责人及联络人玛雅博士希望将麋鹿送回它们的原始栖息地。

就栖息地适应性而言，北京地区不及长江沿岸和东部沿海湿地地区，因为北京地区冬季较长，寒冷且食物匮乏，对重引入的麋鹿是一个巨大的考验。但是，如果选择在长江沿岸或者东部沿海湿地地区，由于地理位置的局限，麋鹿得不到足够的专家（包括科学家和兽医）的支持。当时项目相关的官方机构都在北京，而适宜麋鹿栖息的长江沿岸和东部沿海地区距离北京较远，交通不便，而且，当时中国公众还没有形成良好的自然保护意识，只有选择靠近中央政府的地方才能保证项目顺利进行。北京南海子既是麋鹿模式种产地，也是麋鹿在中国本土的最后灭绝地。

综合各种因素考虑，重引入项目专家组最后决定，在当时的历史条件下，北京南海子是最合适的选择。

北京南海子麋鹿苑纪念牌

北京南海子麋鹿苑的自然环境

南海子位于北京市大兴区北部，作为原先皇家园囿的"海子"（水洼），南海子曾是北京城南最大的一片湿地，由永定河千百年来不断变迁河道而形成，泉源密布，四时不竭，生态系统完好，动植物资源十分丰富。到了20世纪80年代，这里大部分已被改作养鱼池，只有三海子中部隶属南郊农场的 800 余亩①湿地还保留着原始自然的风貌。

北京南海子麋鹿苑（N39°07′，E116°03′）就建在这一片湿地上，位于北京南海子皇家猎苑的中央区域，距离北京城区 14 公里，平均海拔 31.5 米，年平均气温 13.1℃，降水量 600 毫米。湿地植被以香蒲科、莎草科、禾本科的草本植物为主，同时伴有龙爪柳、旱柳、毛白杨等人工林。

中英双方签署麋鹿重引入协议

1984 年 9 月，重引入项目组初步决定南海子作为首批麋鹿回归的地点。中国方面成立了由中国城乡建设环境保护部、北京市科学技术委员会、中国环境科学学会、中国动物学会、北京市农场管理局、北京自然博物馆和北京南郊农场（原红星公社）组成的麋鹿引进小组。

1985 年 2 月 27 日晚，在北京自然博物馆，中国麋鹿引进小组与英国乌邦寺庄园代表签署了麋鹿重引入协议；同时在伦敦，乌邦寺庄园主人塔维斯托克侯爵与中国驻英使馆代表也签订了麋鹿重引入协议。十四世贝福特公爵毕生的梦想就是让麋鹿回归它的故土中国，为了纪念他对麋鹿回归中国的贡献，北京南海子麋鹿苑特地塑起了他的雕像。

十四世贝福特公爵雕像

①1 亩 ≈ 666.7 平方米。

麋鹿重回祖国的怀抱

1985 年 8 月 24 日，英国塔维斯托克侯爵长子豪兰德勋爵亲自护送第一批麋鹿（22 只）至中国（其中，20 只麋鹿运至北京南海子、2 只雌鹿运至上海动物园）。这批麋鹿先从乌邦寺经陆运至巴黎，然后由法航运输机经德里运抵北京，在整个运送过程中，麋鹿的状态时刻被关注着。

第一批麋鹿通过空运抵达首都机场

令人欣慰的是，这批麋鹿一直非常温顺地待在运输木箱内，时而吃着干草、喝着水，时而卧着休息。

1985 年 8 月 24 日，抵达北京当晚，20 只麋鹿（5 雄、15 雌）被卡车运送至北京南海子。在这整个过程中麋鹿非常平静，也许是冥冥之中重回故土的心情使然。至此，流落他乡近 1 个世纪、历尽劫难的麋鹿终于回归祖国的怀抱。

第一批麋鹿运抵北京南海子麋鹿苑

1985 年 11 月 11 日下午，中国城乡建设环境保护部、北京市人民政府代表与英国塔维斯托克侯爵，将检疫结束的 20 只麋鹿放归至南海子麋鹿苑的半散放区。

第一批重引入麋鹿在北京南海子麋鹿苑检疫圈里

检疫隔离期结束首只麋鹿奔向半散放区

第一批重引入麋鹿在北京南海子

为了加速麋鹿种群的复壮，1987 年 9 月 8 日，由塔维斯托克侯爵的次子罗宾勋爵护送来自乌邦寺庄园的第二批麋鹿（18 只一龄雌性麋鹿）到北京南海子麋鹿苑。

英国十五世贝福特公爵在北京南海子麋鹿苑

麋鹿回归祖国 20 周年英国十五世贝福特公爵等嘉宾在麋鹿苑

北京南海子麋鹿的基础成员有哪些？

为使重引入麋鹿种群更好地适应新的环境和较快地繁殖，1985 年和 1987 年，先后 20 只和 18 只麋鹿作为北京南海子麋鹿的奠基种群被重引入北京南海子。除了 1 只四岁的雄鹿和 1 只两岁的雌鹿外，其余都是刚满周岁的幼鹿。38 名"成员"中，有雄性 5 只，雌性 33 只。

中国第二次麋鹿重引入——江苏大丰

1985 年，国家林业部计划实施麋鹿重引入工程，与世界自然基金会（WWF）合作启动了中国第二次麋鹿重引入项目，宗旨是通过麋鹿的回归引种和半野生放养，扩大种群数量，最终实现在自然状态下的野生放养，达到在原生地恢复其野生种群的目的。

第二个重引入项目地点为什么选在江苏大丰？

20 世纪 80 年代，上海自然博物馆的曹克清教授统计了中国出土的 190 处麋鹿化石、亚化石分布点，其中江苏省占 70%，并有史籍记载，海陵（今江苏泰州）盛产麋鹿，江苏省为麋鹿野生种群灭绝前的重要分布区，有可能是野生种群灭绝前的残存地之一。在江苏盐城大丰沿海出土了大量麋鹿骨骼和鹿角化石，其中麋鹿亚化石就有 12 处。

1985 年，国家林业部和 WWF 组织中外专家在麋鹿古分布区选址考察，位于黄海之滨的江苏大丰、川东港以南的黄海冲积平原沼泽地，最终被确定为最理想的麋鹿放养地。

江苏大丰麋鹿国家级自然保护区概况

江苏大丰麋鹿国家级自然保护区（E120°49′，N33°03′）位于江苏省东部的黄海之滨，于 1986 年成立，原为大丰林场的一部分；地貌由林地、芦荡、草滩、沼泽地、盐裸地组成，属于典型的黄海滩涂型湿地，海拔 2～4 米；属北亚热带和暖温带过渡地带，具有较明显的过渡性、海洋性、季风性气候特征；年平均气温 14.1℃，降水量 1 068 毫米。保护区成立时面积约为 1 000 公顷，1996 年年底面积扩大到 2 666 公顷。

1995 年，江苏大丰麋鹿自然保护区被列入"人与生物圈保护区网络"；1997 年，晋升为国家级自然保护区；2002 年，被列入《国际重要湿地名录》；2003 年被列入"东亚—澳大利亚鸟类保护网络"。

江苏大丰麋鹿国家级自然保护区拥有中国最大的麋鹿种群，麋鹿数量已经由 1986 年建区时的 39 只发展到 2022 年 6 月时的 7 033 只，其中野生个体 3 116 只。

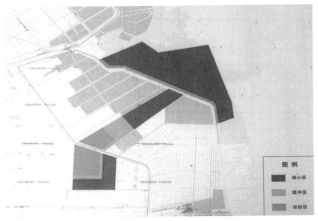

江苏大丰麋鹿国家级自然保护区区划图

江苏大丰的麋鹿来自哪里？

江苏大丰麋鹿的基础种群来自英国伦敦动物学会下的巴耐尔德鲁蒙德动物园、切斯特动物园、格拉斯哥动物园、克鲁斯里动物园、朗利特野生动物园、惠普斯奈德动物园、马威尔动物园等 7 家动物园，共计 39 只麋鹿（13 雄、26 雌），雄性和雌性的比例刚好为 1∶2。

麋鹿再次回到祖国的怀抱

1986 年 8 月 12 日上午，39 只麋鹿通过 8 个运输箱分装，由世界野生生物基金会荷兰分会会长奈西斯•哈帕茨玛和他的儿子，以及路登博士、克莱威士博士护送。经过 18 小时的飞行后，第二天下午 5 点多降落在上海虹桥机场。为使麋鹿避开炎热的白昼，8 辆运送卡车昼夜兼程，经过 14 小时，终于在 8 月 14 日上午，顺利运抵江苏大丰，放养在检疫隔离区。

之后，经过为期 45 天的隔离检疫后，39 只麋鹿被散放在保护区第一期的 1 850 亩森林和沼泽地的放养区（外围为水泥柱铁丝网围栏）。

4

种群复壮

ZHONGQUN
FUZHUANG

物种重引入之后，动物是否能够适应当地的气候环境，健康繁衍，并逐步壮大种群，是重引入项目成功与否的关键。麋鹿重引入初期，国内科学家们对麋鹿这个物种的了解并不多，麋鹿的种群复壮，面临饲养管理、繁育保种、疾病防治防控三大难关。

由于引进群体的年龄结构合理，性别比适当，加之科学的饲养管理，经过科学家和麋鹿保护工作者的不断努力，麋鹿在中国故土上经过再驯化，表现出了良好的适应性，种群得以迅速复壮。

北京南海子的麋鹿种群复壮

重引入初期，麋鹿是否能够适应故土的气候环境一直令许多人担心，科学家们对麋鹿的食性、越冬行为、生境选择、行为节律等进行了观察研究。

以引进中国后麋鹿能否安全越冬为例，1985—1988 年科学家们跟踪观察了首批引进的 20 只麋鹿，结果发现麋鹿冬天拥有厚厚的被毛，在冬季表现得很"懒惰"，大量的时间用于采食和卧休，尤其在大风降温天气的表现更加显得"节约体能";饥饿的时候,吃人工补饲的饲料和沼泽中的干草,口渴的时候,饮水或嚼冰。这些观察研究,加上饲养管理等技术,为麋鹿种群复壮创造了有利条件。

在中外野生动物科学家的共同努力下,麋鹿克服了重引入的技术难关。1987年3月下旬,回归祖国的第一批麋鹿开始产仔,该繁殖季共有10只麋鹿诞生,让大家相信麋鹿能够在故土生存繁衍,这标志着麋鹿重引入繁殖扩群成功。1990年的产仔季结束之后,北京南海子的麋鹿种群数量超过100只,1993年的产仔季结束之后,种群数量达到203只。1987—1993年,麋鹿的平均出生率达38.7%。

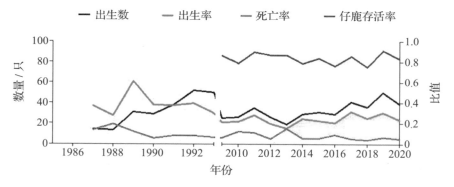

北京南海子麋鹿出生数、出生率、死亡率和仔鹿存活率

江苏大丰的麋鹿种群复壮

科学家们对重回江苏大丰的麋鹿的繁殖行为、食性、光周期适应性等进行了观察研究。例如,1987—1992年对首批半野生放养麋鹿的光周期适应性进行了研究,发现麋鹿在江苏大丰的产仔季比在英国乌邦寺庄园时提前了25天,雄鹿脱角季节比引进初期提前了22天,发情期也有相应的变化。

有意思的是，它的节律情况与 19 世纪 90 年代生活在英国乌邦寺庄园的情况几乎一致。这也证明了鹿群已重新适应了江苏大丰的光周期，它的生命节律已调整到位。

经过科学家们和保护区工作人员的努力，并通过逐步降低人工投料补饲比例，引入的 39 只麋鹿种群逐渐适应保护区的气候环境，能够自然识别可采食的植物，渐渐恢复祖先的自由采食、寻找水源、繁殖、警戒、御寒等行为。

1987 年，7 只麋鹿诞生，意味着它们适应了中国东部滨海湿地的气候环境。麋鹿种群数量从 1987 年的 39 只增加到 1995 年的 233 只。1995 年年底，大丰县人民政府新划 1 666.7 公顷土地给保护区，使保护区的总面积达到 2 666 公顷，这为麋鹿种群的壮大提供了有利条件。1987—1996 年，麋鹿的平均出生率达 25.2%。

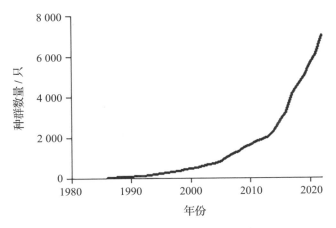

江苏大丰麋鹿种群数量（年底数量）

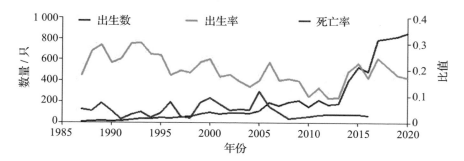

江苏大丰麋鹿出生数、出生率和死亡率

5

迁地保护

QIANDI
BAOHU

什么是迁地保护？

生物多样性保护主要分为就地保护和迁地保护。麋鹿的保护历史进程，向我们完整地展现了生物多样性保护中坚持做好迁地保护和就地保护两件事的意义。

就地保护（in-situ conservations），是指以各种类型的自然保护区（包括风景名胜区）的方式，对有价值的自然生态系统和野生生物及其栖息地予以保护，以保持生态系统内生物的繁衍与进化，维持系统内的物质能量流动与生态过程。

迁地保护（ex-situ conservations），又叫易地保护，是指为了保护生物多样性，把因生存条件不复存在、物种数量极少或难以找到配偶等导致生存和繁衍受到严重威胁的物种迁出原地，移入动物园、植物园、水族馆和濒危动物繁殖中心等地，进行特殊的保护和管理，是对就地保护的补充。迁地保护是生物多样性保护的重要组成部分，是保护珍稀濒危物种最直接、最有效的措施之一。

按照 IUCN 的标准，在野生环境下，一个濒危物种种群数量的下降接近 1 000 只时，人类就应当介入，建立一个人工模拟环境，对其实施迁地保护。

为了扩大麋鹿种群分布，提高遗传多样性，降低灭绝的风险，以及随着北京南海子和江苏大丰的麋鹿种群数量的不断扩大，开展麋鹿迁地保护变得更加重要起来。

中国开展了哪些麋鹿迁地保护？

1988 年，北京南海子麋鹿苑率先开启了麋鹿迁地保护工作，1988 年 12 月 25 日，1 对麋鹿被送往石家庄动物园，随后北京南海子麋鹿苑坚持对外开展麋鹿迁地保护。截至 2023 年 1 月，北京南海子麋鹿苑通过累计多达 61 次对外输出活动，共输出麋鹿 628 只，建立麋鹿迁地保护种群达 45 处。

1995 年，江苏大丰麋鹿自然保护区开启了麋鹿迁地保护工作，10 只麋鹿被送往上海野生动物园。截至 2022 年 3 月，江苏大丰麋鹿国家级自然保护区通过 18 次对外输出活动，共输出麋鹿 168 只，建立麋鹿迁地保护种群 17 处。

值得一提的是，在 2020 年和 2021 年由上海市绿化和市容管理局、上海市林业总站、崇明新村乡、上海自然博物馆、上海动物园等多个单位联合开展的崇明新村乡麋鹿极小种群恢复与野放项目中，先后共有 4 只麋鹿从江苏大丰麋鹿国家级自然保护区迁至上海崇明岛，为野化放归做准备。

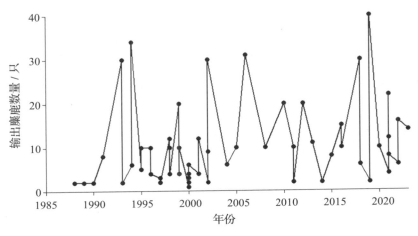

北京南海子麋鹿输出情况

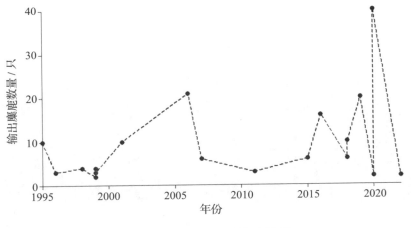

江苏大丰麋鹿输出情况

　　在众多的麋鹿迁地保护种群中，具有代表性的浙江临安青山湖、辽宁千山、江苏溱湖等地麋鹿种群数量均超过 100 只；北京野生动物园、天津动物园、厦门野生动物园、浙江慈溪杭州湾国家湿地公园、山东日照滨海国家森林公园、海南热带野生动植物园等地的麋鹿种群数量繁衍良好，均超过 20 只。这里也有个令人振奋的例子，七里海是世界三大古海岸湿地之一，也是麋鹿的历史分布地之一，2011 年，10 只麋鹿（3 雄、7 雌）从北京南海子麋鹿苑迁至天津七里海国家湿地公园（以下简称七里海），半散放生活在 100 余亩的湿地中，2021 年年初，七里海拥有麋鹿 21 只，数量比 10 年前翻了一番。2021 年春季，为了让麋鹿回归自然，经过专家论证和考察，21 只麋鹿被放回到七里海东海 2.5 万亩芦苇湿地中自由繁衍。2022 年，4 只幼崽首次在七里海"野外"诞生。

浙江慈溪杭州湾国家湿地公园

海南热带野生动植物园

天津七里海国家湿地公园

浙江临安青山湖

海南枫木鹿场

6 野化训练

YEHUA
XUNLIAN

　　IUCN 发布的《物种重引入指南》中提到，相较于野生种群，将人工繁育种群直接作为重引入种源存在许多缺点。由于长期圈养和人工繁殖，动物缺乏自然行为表达和学习机会，容易出现刻板行为，伴有生存行为（如捕食行为、躲避天敌等）和繁殖行为能力下降或缺失等现象。科学研究表明，对于动物而言，主要有 6 种重要功能行为与其野外生存能力息息相关，这些行为／能力同时也是实施野化训练的主要目标和考察野化成果的标准，包括：

　　①躲避天敌的行为；

　　②获取食物的行为；

　　③社会行为；

　　④寻找或修建隐蔽场所或巢穴的能力；

　　⑤在复杂地形的活动能力；

　　⑥复杂环境中的导向和迁移行为。

　　野化训练是"中国麋鹿重引入项目"的第二阶段，通过适应性训练，逐步提高麋鹿在原生自然环境中的生存能力，为进一步放归自然做准备。

　　北京南海子和江苏大丰的麋鹿种群在种群复壮中，饲养管理的理念以

"野"为主，即半散放，最低限度地干涉它们的生活，以保存它们的野性。这使开展麋鹿野化训练、放归自然有了根本保障。

我国第一次野化训练——长江天鹅洲

在 1985 年麋鹿重引入项目中，麋鹿成功回归北京南海子后的第二步就是在麋鹿的原始栖息地，即长江流域或者黄河流域建立野生种群。1989 年，中国麋鹿重引入项目组在国家环保局的支持下，启动了长江流域麋鹿重引入项目，开展麋鹿野化训练，并建立了较大面积的麋鹿保护区，为最终在长江流域恢复麋鹿野生种群做准备。

第一次野化训练为什么选址天鹅洲？

从战国到西汉，一直到唐代麋鹿广泛分布于长江中下游地区。

湖北石首市，隶属荆州地区，位于长江中游。荆州地区出土了大量麋鹿化石，古籍中也有许多关于麋鹿的记载。《墨子·公输》中叙述公元前 5 世纪，墨子到郢（今湖北江陵县西北）与公输盘谈话时曾提到："荆有云梦，犀兕麋鹿满之。"《辞海》解释"云梦"时称"在南郡华容县南"，而石首是西晋太康五年（公元 284 年）才从华容县分出来的。故据此可推断，楚国王室（公元前 500 年左右）当年圈养麋鹿的地方应该在今湖北石首天鹅洲一带。战国至西汉成书的《山海经·中次八经》记载："曰荆山……漳水出焉……其兽多闾麋。"1989 年，在湖北江陵县出土了战国时期麋鹿角镇墓兽，以及一些骨骼和毛发。可见，天鹅洲是麋鹿重要的历史分布区域。

1989 年 5 月，国家环保局组织中外专家进行联合考察选址，希望找到最接近麋鹿原始栖息地的自然环境。经过多次考察，专家认为，天鹅洲的完整性和自然性对于平原地区来说是世界少有的，是亚热带生物基因的宝库，地处江汉平原的石首天鹅洲是麋鹿的理想栖息地。

湖北石首麋鹿国家级自然保护区自然概况

湖北石首麋鹿国家级自然保护区（N29°49′，E112°42′）（以下简称保护区或石首保护区）位于长江与长江天鹅洲故道的夹角处，南面与长江北岸相邻，北面与长江故道江堤接壤，属洞庭湖与江汉平原交界地段。保护区于1991年11月成立，占地面积1 567公顷。1998年8月升级为国家级自然保护区。

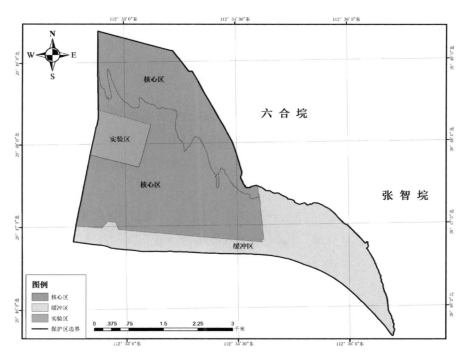

湖北石首麋鹿国家级自然保护区规划图

保护区属典型的近代河流冲积物沉积而成的洲滩平原，为洪泛形成的芦苇洲滩湿地，海拔29～38米；中亚热带湿润季风气候，年平均降水量1 200毫米以上。同时，保护区南部种植有数十亩冬小麦和黑麦草，以缓解保护区内麋鹿种群面临的季节性食物缺乏。

为防止麋鹿外逃，同时防止周边居民的干扰、周边家畜给麋鹿带来疾病等交叉感染，保护区外围设有围栏。

第一次长距离陆路运输和重返天鹅洲

1993 年 10 月 30 日，北京南海子输出的第一批 30 只麋鹿（8 雄、22 雌）运抵湖北，这是麋鹿第一次长距离陆路运输。这时，北京到石首还没有高速公路，保护区共 4 名工作人员随同两辆装运麋鹿的大卡车，一路走走停停，他们用自己发明的土办法给麋鹿喂草、喂水，1 300 余公里的路程，走了一个多星期才平安回到石首。后来，他们又用同样的方式带回 34 只麋鹿。

首批 30 只麋鹿并不是在引入时就自由放养在保护区内，而是先在一个圈舍区域内生活，让其逐渐适应当地的气候环境。经过保护区工作人员的努力和悉心照料，它们很好地适应了天鹅洲的气候环境。1994 年 5 月 30 日，有 8 只麋鹿幼仔顺利诞生。

1995 年 1 月 10 日，经过一年多的人工驯养，首批 30 只麋鹿与第二批 34 只麋鹿（10 雄、24 雌，1994 年 12 月 31 日从北京南海子引入）一起，正式回到了它们祖先栖息的地方——天鹅洲。当天，保护区工作人员打开临时圈舍的大门，白天不见它们进入保护区内，直到夜间，天上下起了十年一遇的鹅毛大雪，它们才陆续走进保护区。第二天，便见麋鹿在雪地中欢快地奔跑、玩耍。

为了让麋鹿们完全独立生活，保护区工作人员没有急于投放饲料，而是在麋鹿群附近的地面简单地扒去一点雪，露出稀疏的植被，给麋鹿一点"提示"。傍晚时分，几只麋鹿嗅到了积雪下植被的气息，用蹄子扒开积雪啃食植物。自此，石首麋鹿保护区成功实现了麋鹿从人工圈养到野生放养的跨越。

麋鹿在天鹅洲的初期生活

　　麋鹿野化训练初期，由于保护区内生态环境受长江流域水文、气候等因素影响很大，麋鹿进入保护区的最初几个月生活在长江故道 6 000 亩围栏内，因洪水多次出现麋鹿从故道游水外逃的情况，3 个月内外逃 10 余次。这虽然与缺少拦网有关，也反映出麋鹿野性恢复后，不满足于 6 000 亩的小范围。

　　后经有关专家研究，决定让麋鹿进入 2.3 万亩的保护区。1997 年，经过两度严冬的洗礼与夏季洪水的威胁，麋鹿在完全不需要人为给养的野生状态下自然繁衍，顺利繁殖成活 43 只幼鹿。

湖北石首麋鹿国家级自然保护区

湖北石首麋鹿国家级自然保护区

来自自然界的一次大考验——1998 年特大洪水

提到湖北石首麋鹿的保护，不得不提 1998 年长江暴发的特大洪水。

从 1998 年 7 月 2 日起，麋鹿被洪水整整围困了 60 天。与麋鹿同时被围困的还有保护区的 10 名工作人员。为了保护 100 余只被洪水威胁的麋鹿，工作人员坚守岗位，驾驶木船将 90 多只麋鹿赶到长江边新筑的长 13 公里、宽 5 ～ 6 米的天鹅洲长江故道围堤上，与麋鹿同吃同住。汪洋中的这座孤岛成了他们和麋鹿共同的新家，而经长江多次洪峰的袭击，露出水面的陆地仅 200 多米长，总面积不足 100 平方米的小岛在一次洪峰中被冲开了两个口子，形成了 3 个更小的孤岛。可以想象在这次洪水中，麋鹿和保护区工作人员经历了怎样的考验！

在经历了这次考验之后，麋鹿在石首保护区的种群数量迅速增加。

1998 年长江洪水期间麋鹿被迁移到长江边新筑的天鹅洲长江故道围堤上

1998 年长江洪水期间济南军区官兵抢救麋鹿

1998 年长江洪水期间济南军区官兵及
保护区工作人员给麋鹿运送食物

1998 年长江洪水期间保护区
工作人员救护麋鹿

第三次从北京南海子引入 30 只麋鹿

为了加快扩大保护区麋鹿的种群数量，进一步扩大野化训练成果，增加遗传多样性，2002 年 12 月 12 日，石首再次从北京南海子引入 30 只麋鹿（10 雄、20 雌）。

动物疫情，种群的自我调节？

随着麋鹿数量的增加，因保护区内可生存的空间有限，麋鹿种群密度也相应增加，这时另外一场考验悄然来临。保护区麋鹿种群密度从 1994 年基础种群时的每平方公里 4.08 只，增加到 2009 年年底的每平方公里 40.70 只，增加了近 9 倍。2010 年 2—5 月，在饮用污水和天气变化较大等多种诱因的共同作用下，保护区的麋鹿出现批量死亡情况，表现为出血性肠炎症状。

保护区立即成立麋鹿疫情防控小组，采取应急防控措施，避免疫情的扩散和蔓延。同时，成立专家组，通过流行病学调查、临床症状分析、病理剖检与实验室检测等多种手段，最终诊断麋鹿是由于感染魏氏梭菌和气单胞菌，导致多器官病变衰竭而死。

令人奇怪的是，在大家的印象中，自然界只淘汰年老体弱的个体，而这次死亡的麋鹿多为身体强壮的"青壮年"个体和新生仔鹿，仅有少量年老和体弱的个体。自然界是神奇的，这或许是麋鹿种群通过疾病暴发，淘汰掉一部分个体，降低种群密度，实现种群自我调节？这一谜题有待科学家们进一步研究揭晓。

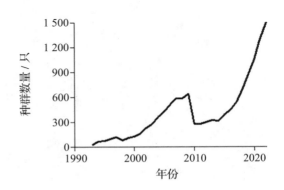

湖北石首麋鹿国家级自然保护区内
麋鹿种群数量（年底数量）

目前，湖北石首麋鹿国家级自然保护区内麋鹿种群数量已经超过 1 500 只。

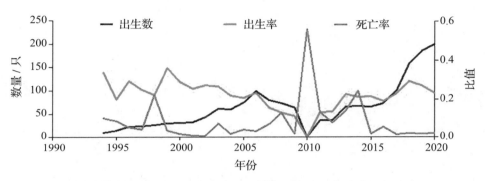

湖北石首麋鹿国家级自然保护区内麋鹿出生数、出生率和死亡率

华北地区第一次野化训练——木兰围场

木兰围场曾是一座清朝皇家猎苑，地处麋鹿化石分布点最北缘的区域。

2007 年，在国家林业局的支持下，北京麋鹿生态实验中心与河北滦河上游国家级自然保护区合作立项，启动木兰围场麋鹿重引入项目，一方面扩大麋鹿分布种群，为进一步开展野化放归做准备；另一方面也是一次研究麋鹿对古分布区最北沿线的高寒地区适应性的试验。

河北滦河上游国家级自然保护区的自然环境

河北滦河上游国家级自然保护区（N41°51′，E117°10′）（以下简称保护区）位于承德市围场满族蒙古族自治县境内，总面积 50 637.4 公顷。保护区地处阴山山脉、大兴安岭山脉的尾部向西南延伸和燕山山脉余脉的接合部，属滦河上游小滦河和伊玛图河流域，即"木兰围场"时期的猎区所在地。该地区温带暖温带森林生态系统植被类型比较完整，气候类型属

冬季木兰围场的麋鹿

温带向寒温带过渡、半干旱向半湿润过渡、大陆性季风型的高原山地气候，年平均气温 3.3℃，年均降水量 445 毫米。

麋鹿重回木兰皇家猎苑

2008 年 9 月 28 日，来自北京南海子的 10 只麋鹿（5 雄、5 雌），经过 10 余小时的运输，跨越 400 多公里的路程，顺利抵达野化训练场。野化训练场位于保护区五道沟核心区沙沟天然养鹿场，为当年康熙射猎麋鹿所在地，场地面积 3 000 亩（外围有围栏），海拔 1 200 多米。这是华北地区第一次麋鹿迁地保护试验，绝迹百年后，麋鹿终于重回木兰皇家猎苑。

为了保障麋鹿能够顺利过冬，饲养人员严格按照麋鹿的饲养要求精心照顾，每天为它们定时投放喜欢吃的胡萝卜、玉米、豆子、干牧草等，并根据气温变化调整精料的投喂量。这批麋鹿经受住了 2008 年漫长寒冬的考验。

2009 年 4 月 14 日和 15 日，两只小麋鹿顺利降生，这是麋鹿在木兰皇家猎苑绝迹百年后首次在这里产仔，标志着麋鹿在华北地区野化训练取得了阶段性成功；之后每年繁殖 2 ～ 4 只幼仔。2014 年，种群数量达到 26 只。

疾病同样考验着木兰围场的麋鹿

2015 年 3—4 月，木兰围场因疫病出现麋鹿群体死亡事件，共有 15 只麋鹿陆续死亡，最终仅存活 5 只（为母仔群，没有雄鹿）。

麋鹿疫情发生后，保护区工作人员立即采取措施，将剩余麋鹿隔离至新建的隔离区域，并对原有生活区采取消毒防疫措施，避免剩余麋鹿被疫情波及。经过同时成立的专家组的科学诊断，确诊麋鹿发病是由魏氏梭菌流行所致。这对麋鹿的保护又一次敲响了警钟。

第一批野化训练的麋鹿在木兰围场

木兰围场第二次迁入麋鹿种群

　　为了补充血缘，优化种群结构，提高该麋鹿种群的遗传多样性，提高其野外生存能力；同时为进一步开展麋鹿在北方寒冷地区建立可自我维持的野生麋鹿种群的试验，促进保护区麋鹿种群的可持续发展，在 2016 年 5 月 22 日即国际生物多样性日，北京南海子再次输出 10 只麋鹿（5 雄、3 雌、2 幼）至木兰围场，开展第二次麋鹿野化训练试验。

在检疫期间，母鹿顺利产下 2 只麋鹿幼仔，为了不让它们与母鹿分开，工作人员首次对满月的幼仔进行运输的尝试，为了确保它们的安全，特地将它们与雄鹿分开，用两辆车运输。麋鹿幼仔在母鹿的陪同下，很快地适应了木兰围场的生活。

目前木兰围场麋鹿种群数量逐年稳定增加，共计 35 只麋鹿。

第二批野化训练的麋鹿在运输车上

首次运输满月麋鹿幼仔的尝试

鄱阳湖流域麋鹿的野化训练

2012 年，在国家林业局的支持下，北京麋鹿生态实验中心与江西省野生动植物保护协会、江西鄱阳湖国家湿地公园合作立项，启动鄱阳湖流域麋鹿重引入项目。开展麋鹿野化放归前的适应性训练，使麋鹿适应鄱阳湖流域的气候环境，逐步恢复鄱阳湖湿地的原有功能和生物多样性，为下一步开展该流域野化放归做准备，最终建立鄱阳湖流域麋鹿野生种群。

为什么选择鄱阳湖流域？

鄱阳湖位于长江中下游南岸，属于麋鹿历史分布区之一。唐代柳宗元的《临江之麋》中写道："临江之人，畋得麋麑，畜之。"诗中记载鄱阳湖平原南缘的临江（今江西省樟树市）一带有麋鹿。康熙年间修著的《南昌郡乘》中也有提到麋鹿。可见，鄱阳湖流域是麋鹿古分布地之一。

鄱阳湖是中国第一大淡水湖，也是中国第二大湖。它是长江中下游主要支流之一，也是长江流域的一个过水型、吞吐型、季节性重要湖泊。鄱阳湖流域的湿地是国际重要湿地之一，也是全球生物多样性热点地区之一。鄱阳湖流域湖区内湿地类型的自然保护地有国家级自然保护区 2 处（江西鄱阳湖南矶湿地国家级自然保护区、江西鄱阳湖国家级自然保护区）、国家湿地公园 1 处（江西鄱阳湖国家湿地公园）、省级自然保护区 5 处（鄱阳湖河蚌省级自然保护区，鄱阳湖银鱼省级自然保护区，鄱阳湖长江江豚省级自然保护区，鄱阳湖鲤、鲫鱼产卵场省级自然保护区，都昌候鸟省级自然保护区）。

鄱阳湖为典型的亚热带季风性湿润气候，夏季盛行偏南风，炎热多雨；冬季盛行偏北风，气温低而降雨少；年平均气温 17.6℃，年平均降水量 1 450 ～ 1 550 毫米。在鄱阳湖高水位的洪水季节，湿地处于典型的湖相水文状态，随着鄱阳湖水位的降低，不同高程的洲滩相继显露，湿地植被发育，滩地和沼泽广布，呈现河、湖、滩交错的湿地景观。

鄱阳湖一望无际的草洲

　　鄱阳湖国家湿地公园地处江西省鄱阳县境内（N28°58′，E116°33′），位于江西省东北部、鄱阳湖东岸、鄱阳湖生态经济区的核心区。它是世界六大湿地之一，也是亚洲湿地面积最大、湿地物种最丰富的国家级湿地公园。公园总面积为36 285.0公顷，其中湿地总面积为35 116.1公顷，占公园总面积的96.8%。

　　2012年5月，项目组开始了麋鹿野化训练场所选址工作，对水文、地貌、气候、植物种类、生态环境等进行科学考察。野化训练场所位于鄱阳湖国家湿地公园的白沙洲自然湿地展示区，占地面积450亩，分为科研管理区、驯养繁殖区和野化训练区。

鄱阳湖国家湿地公园

鄱阳湖国家湿地公园建设中的野化训练场

长途运送麋鹿——一位随车工作人员的视角

麋鹿运输前，需要经过三个多月的仔细准备，包括选种、体检和检疫工作，以及运输手续和检疫手续办理工作。2012年12月24日下午17点左右，10只麋鹿（3雄、7雌）经麻醉后被顺利搬运上运输车，随后兽医给每只麋鹿依次注射醒药，5～10分钟后，麋鹿陆续醒来，这时它们发现自己已经在陌生环境中——运输车上了。

为了让麋鹿适应车厢环境，运输车开至麋鹿苑北门停车场，工作人员全部撤离，让运输车静静等待半小时，这时麋鹿的精神好多了，除了个别麋鹿还有点晕依旧卧着外，其他的全部站着，有的低头吃草，有的站在水桶前，有的互相瞪眼。

我和鄱阳湖国家湿地公园的范老师作为跟车人员，在平安夜带着麋鹿前往鄱阳湖。这是我第一次运送麋鹿，出发前，经验丰富的老同志提醒我运输途中的注意事项。

怀着紧张和期待的心情，下午5点40分，我跟随运输车缓缓地驶离了北京南海子麋鹿苑。途中，我提醒司机师傅，车速尽量保持匀速，别急刹车和急转弯，防止麋鹿在车厢中碰撞受伤。每过2～4小时，我们会在高速公路服务区停车整顿，观察麋鹿的精神状况，给麋鹿补水。

这次运输，让我观察到，麋鹿在运输过程中并不是站立的，而是全部卧着，毕竟路上比较颠簸，卧着的姿势对于它们来说才是最安全的。每当车驶入服务区停下时，在车厢外能听到麋鹿蹄子碰撞车厢发出的轻微的"哐、哐"声，这是由于麋鹿陆陆续续站起来了，它们有的找水喝或者采食铺设在车厢中的干苜蓿草和胡萝卜，有的排尿排便，也有的或许是由于晕车，仍然卧着。而每当车再次发动时，麋鹿们又相继卧下，安安静静地，像一群坐车的乖小孩。

一路上比较顺利，麋鹿精神状态良好。路途长达1 400余公里，跨过5个省份，经过30小时，我们于12月25日午夜11点后顺利抵达鄱阳湖国家湿地公园。

在夜幕中，麋鹿们在一只成年雌鹿的带领下，略带胆怯地走下或者冲下车厢，进入野化训练场的科研管理区。

工作人员将车门打开，胆小的麋鹿们缩在车厢另一端

为便于麋鹿下车，工作人员铺设了缓坡

夜幕中跨步下车的雄鹿

61

抵达野化训练场第二天的麋鹿

麋鹿很快适应了鄱阳湖的生活

由于重引入的时间为冬季，野化训练场的草已经枯萎，为了保障麋鹿有足够的能量、蛋白质和维生素摄入，顺利度过适应期，工作人员每天给它们提供适量的胡萝卜和精饲料，收割一定量的训练场外围的水草给它们。

在科研管理区内，饲养员每天对麋鹿进行健康监测。经过一个星期的观察，麋鹿的体力很快得以恢复，基本适应了新的环境。

野化训练区的麋鹿

在经过一个月的健康监测和初步适应之后,工作人员将麋鹿放养到面积更大的野化训练区。麋鹿生性胆小,尤其是到了新的环境,警惕性更强,即使是经历了一个月的初步适应期仍然如此,白天的时候它们喜欢躲在科研实验区的树林中休息,到了傍晚和晚上才到野化训练区觅食。

2014年4月19日,鄱阳湖国家湿地公园的范老师一大早就打来电话,在凌晨4点多鄱阳湖迎来首只麋鹿幼仔顺利出生。

鄱阳湖国家湿地公园首只麋鹿幼仔诞生

其实在麋鹿产仔之前半个月范老师就和我联系,咨询麋鹿产仔时间、产仔期注意事项等。4月18日晚上,他观察到母鹿的异常行为(包括离群、抬尾巴、回头舔腹侧被毛等产前行为),随后他一直关注着,直到凌晨4点多母鹿顺产。出生第一天的小麋鹿远远地躲在围栏旁的草丛中休息。第二天,鄱阳湖下了整整一天的大雨,在母鹿的舔舐和鼓励下,小麋鹿坚强地挺了下来。之后,新生小麋鹿活蹦乱跳、自由自在地跟着母鹿在鄱阳湖畔玩耍。

2014—2017年,鄱阳湖每年有3～5只仔鹿出生,种群数量最多时达到23只,这充分证明了鄱阳湖地区的湿地生态环境符合麋鹿种群的生存和繁衍需求。

内蒙古大青山麋鹿的野化训练

2019年，为加强麋鹿和普氏野马的保护，扩大其栖息地范围，国家林业和草原局委托中国野生动物保护协会立项，启动实施了普氏野马和麋鹿种群扩散与扩大放归项目，主要目的是研究、寻找和选择更多合适区域进行野化放归，争取建立更多独立的野生种群。

麋鹿现有种群近交系数高，种群杂合度低，遗传多样性严重衰退。北京南海子麋鹿种群和江苏大丰麋鹿种群从未尝试在一起进行种源交流，此次在内蒙古大青山实施放归自然将首次联合北京南海子和江苏大丰两个不同种源，对物种的基因交流和种群扩散等具有实践意义。

为什么选择在内蒙古大青山野化训练？

内蒙古大青山位于黄河流域的北部界线，属于麋鹿历史分布区域最北端边缘。内蒙古大青山国家级自然保护区地处蒙古高原南缘的华北区与蒙新区过渡带，位于阴山山脉中段，面积391 890公顷，东西长约217公里，南北平均宽18公里，涉及呼和浩特、乌兰察布、包头等3个市的11个旗（县、区）。它是中国北方最大的森林生态系统类自然保护区，2008年晋升为国家级自然保护区。

自2019年12月开始，项目组先后对内蒙古大青山国家级自然保护区红石崖风景区、白石头沟管理站等地开展多次考察调研、论证分析、方案编制，进行麋鹿野化训练地选址工作，最终选择将保护区南坡的白石头沟管理站作为此次麋鹿野化训练地。

白石头沟管理站（N40°75′，E111°48′）原是大青山林场下设的一个分场，位于土左旗五一水库沟口。管理站总面积16 880公顷，是内蒙古西部主要的天然次生林区，全年平均气温 −7.6 ～ 7.5℃，最高气温35℃，最低气温 −25℃；全年降水量383毫米。管理站辖区内水源丰富，内有五一水库，还有多支天然泉水，山谷内湿地区域水流长年不断流。林区以油松、白桦、落叶松等乔木以及针茅、羊草、灰菜、各种蒿类、丰富杂草等为主。训练场地面积 600 余亩，四周设有围网。

穿越野化训练地的溪流

在野化训练地林下觅食的大沙锥

在野化训练地泉眼附近发现的中国林蛙　　在野化训练地中麋鹿喜食的紫花苜蓿

科研人员在采集水样

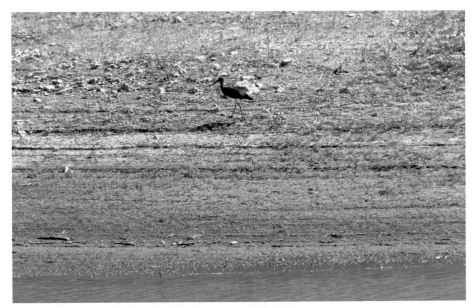

黑鹳在野化训练地下游的土左旗五一水库觅食

输出麋鹿之前北京南海子麋鹿苑的准备工作

2020年12月，工作人员开始输出麋鹿的准备工作，平均每间隔一天从北京南海子麋鹿苑的半散放种群中挑选出1～2只麋鹿，麻醉后转运至检疫隔离区，经过称重、体检、体尺测量、抽血、皮下注射动物身份电子芯片、佩戴项圈等工作，随后将它们抬到面积较小的检疫圈舍，注射解醒针，随后观察麋鹿的精神状态。选择每间隔一天从半散放麋鹿群中麻醉挑选麋鹿，并且每次只挑选1～2只，一是为了最大限度地降低对麋鹿群的影响，二是能缩短麋鹿麻醉时间，将麻醉对麋鹿身体的伤害降到最低，因为麻醉药对麋鹿的中枢神经系统会有不同程度的伤害。经过一个多月的时间，我们按照计划完成了麋鹿的选种工作。

给麋鹿佩戴 GPS 定位项圈

　　2021 年 4 月上旬，计划输出的麋鹿群中陆续有 7 只小生命诞生。2021 年北京的雨季比往年都长，经过鹿群的活动踩踏，检疫圈舍的泥土地面越发泥泞，幸亏麋鹿是湿地动物，对雨水天气十分适应，如果换成梅花鹿或者马鹿则会受影响。为了不将这批新生仔鹿与母鹿分开，经过讨论，工作人员最终决定让它们跟随母亲一起野放至大青山。

2021 年北京的雨季比往年更长，野放麋鹿在泥泞的检疫圈中

2021 年 5 月，麋鹿角已经逐渐骨化，麋鹿即将进入发情期，为了防止在圈舍内打斗争夺鹿王造成伤亡，工作人员给这批鹿群中的雄鹿锯了角，同时，也为麋鹿运输做好安全保障。

最终，工作人员选择了健康状况良好的 22 只麋鹿（4 雄、11 雌、7 只幼年）作为此次野放种源，中年、青年、幼年三个年龄梯度都有（其中以青年和幼年为主），并向北京市园林绿化局和大兴区动物疾病控制中心申报获批麋鹿运输行政许可手续和检疫手续。

麋鹿踏上大青山

2021 年 9 月 26 日，麋鹿运输的日子终于到了。下午 4 点，为了最大限度地减少麋鹿装车和运输造成的应激反应，工作人员采用自行研发的非麻醉装车技术，保证了野性十足的麋鹿的运输安全；选择车厢长度为 9.6 米的高护栏货车，车内宽敞，给予了麋鹿足够的空间，车内铺设了 5 ～ 10 厘米厚的干苜蓿草层，上面铺撒着一层胡萝卜块；在车厢前准备了一个 100 升的水箱，使得运输过程中麋鹿有充足的食物和水。夜里 12 点，在淅淅沥沥的夜雨中，运输车驶出了北京南海子麋鹿苑的大门。

午夜时分运输车在雨夜中驶出北京南海子麋鹿苑

　　2021 年 9 月 27 日上午 10 点 30 分，经过 10 余小时的跋涉，跨越 500 多公里的路程，麋鹿顺利抵达野放地点——内蒙古大青山国家级自然保护区白石头沟管理站。随后工作人员将麋鹿野放至 400 平方米的临时圈舍，让麋鹿进行短期的野化训练前期休整，并对它们进行健康观察。

早上 7 点多，运输车途经卓资山脉
突遇大雾被迫停在高速路旁

运输车从毕克齐高速路口下高速，
准备前往大青山

抵达后麋鹿在运输车厢中准备下车

麋鹿陆续走下运输车

麋鹿在临时圈舍内采食青草

　　当日傍晚5点多，来自江苏大丰麋鹿国家级自然保护区的运输车在夜幕中驶入白石头沟管理站，5只麋鹿（2雄、3雌）也顺利运抵野化训练地。工作人员随后立即将它们与北京南海子麋鹿苑种群会合在临时圈舍中。也许是因为9月下旬已经过了发情季节，透过围网并未见到麋鹿有互相顶架的现象，两群麋鹿相处十分融洽。

夜幕下江苏大丰麋鹿进入临时围栏

两群麋鹿在临时圈舍相处融洽

9 月 29 日，经过 1 天多的休整，麋鹿的体力得到了很好的恢复。上午 11 点，在 1 只成年雄性麋鹿的带领下，来自北京南海子和江苏大丰的 27 只麋鹿奔跑向大青山，开始了野外生存挑战。

野放麋鹿冲出围栏及麋鹿在内蒙古大青山

麋鹿在大青山的日子

白石头沟管理站冬季温度最低时为 −25℃左右。为了对野化训练的麋鹿进行监测，保护区指定专门的动物管理人员和饲养员，每天对麋鹿进行监测；科研人员与保护区工作人员及时沟通交流，并通过 GPS 定位项圈对麋鹿种群活动规律进行监测。

野化训练初期，当地植被丰富，而且含水量大，麋鹿喜食的植物种类和数量均较多，除少量陡坡外，麋鹿活动范围遍及整个野化训练地。而到了冬季，经过 2 个多月的采食，所剩可以取食的植物数量较少，而且冬季植被枯萎，含水量低，适口性较差。由于担心能量饲料和蛋白饲料不足，保护区对麋鹿进行人工补饲，给它们提供了一些精饲料、胡萝卜、干燕麦草和干苜蓿草。冬季，麋鹿比较懒散，不爱动，喜欢在投喂点附近活动、集群、卧息，以减少寒冬的能量消耗。

野化训练地区域的溪水从沟谷湿地中间穿过，除冰面外仍然有活水流动，形成小的水面，水源充足，特别是在坡度较大的溪流上游，能为麋鹿生存提供稳定的水源。

内蒙古大青山的麋鹿

2022 年 4 月 3 日上午，保护区工作人员在观察麋鹿群时发现，离群母鹿后跟着 1 个小家伙，全身带有斑点，经过确认是新生的麋鹿幼仔。这是内蒙古大青山野化训练麋鹿新生的第一只幼仔。随后陆续又有 8 只小麋鹿出生。这表明野放的麋鹿适应了内蒙古大青山的高寒气候环境，并成功在野外繁育第一代，标志着内蒙古大青山野化放归麋鹿取得阶段性成功。

2022 年，麋鹿群逐渐适应了大青山的气候环境，顺利度过第一个寒冬，并且迎接了第一批新生代，在阳春六月间，草长莺飞之际，野化训练地围栏全部拆除，麋鹿们真正地在大青山上自由奔跑、回归自然。

内蒙古大青山野放麋鹿的第一代幼仔

大青山的麋鹿"幼儿园"

2021 年 1 月 21 日麋鹿在野放训练地

7

放归（重回）自然

FANGGUI(CHONGHUI)
ZIRAN

现今大型食草动物和食肉动物在其大部分历史分布地上均已消失，使它们在历史分布地上重现是野生动物保护的初衷。

野化放归（简称野放）有三个关键目标：一是扩大或连接现有的破碎化野生种群；二是增加野生种群数量，防止如疾病等原因导致种群灭绝；三是重现野生种群。

将人工繁育的珍稀濒危物种野化放归是保护和恢复珍稀濒危物种生态系统的重要手段之一。作为生态文明建设的重要部分，近年来，中国开展了大量的野化放归项目并取得了阶段性进展。

自20世纪90年代以来，中国陆续开展人工繁育麋鹿（1998年首次野放）、普氏野马（2001年首次野放）、扬子鳄（2003年首次野放）、大熊猫（2006年首次野放）、朱鹮（2007年首次野放）、蟒（2011年首次野放）、丹顶鹤（2013年首次野放）、林麝（2017年首次野放）、黑叶猴（2017年首次野放）等濒危物种野化放归，为拯救珍稀濒危物种、恢复生态系统做出了重要努力。

例如，1981年全球仅在汉中市洋县发现7只野生朱鹮，经过40多年的保护复壮，全球朱鹮种群数量发展到 9 000 余只（而我国的野生朱鹮种群约 8 000 只）。自 1985 年先后从欧美国家重引入 24 匹普氏野马以来，中国普氏野马的数量已经超过 700 匹，并开展了多次野化放归活动。

野化放归是实现麋鹿最终恢复野生种群的重要手段，自 1998 年开始，中国在江苏大丰麋鹿国家级自然保护区（1998 年、2002 年、2003 年、2006 年、2016 年、2020 年前后 6 次，共 108 只，均成功）、河北滦河上游国家级自然保护区（木兰围场）（2010 年，6 只，失败）、湖南东洞庭湖国家级自然保护区（2016 年，16 只；2020 年，10 只；均成功）、江西鄱阳湖国家湿地公园（2018 年，47 只，成功），共开展了 10 次野化放归试验。另外，还有 2 次偶然的自然扩散事件（1998 年，湖北石首麋鹿国家级自然保护区，34 只；2007 年，江苏盐城湿地珍禽国家级自然保护区，近 20 只）给麋鹿种群发展史带来了巨大的惊喜。

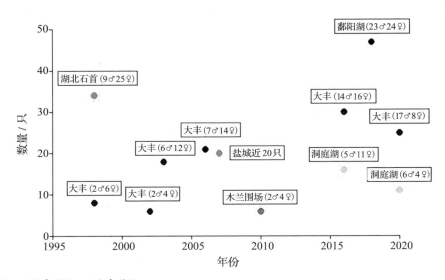

注：♂代表雄性、♀代表雌性。

麋鹿放归（重回）自然情况

麋鹿重回自然——黄海之滨

1986 年，中国麋鹿重引入江苏大丰，最终目的是在黄海滩涂湿地建立麋鹿野生种群。经过保护区人员和科学家 12 年的不断努力，江苏大丰麋鹿种群得以复壮，1998 年繁殖季结束后，麋鹿数量已经超过 350 只，比1986 年增加了 8 倍。

1998 年，国家林业局组织专家考察后，决定在江苏大丰麋鹿国家级自然保护区率先开展麋鹿野放，初次尝试麋鹿野放选择在黄海滩涂湿地，希望为后续开展麋鹿野放、建立麋鹿野生种群提供宝贵经验。

中国第一次麋鹿野放

1998 年 11 月 5 日，8 只麋鹿（1 雄、5 雌、2 仔）被放归黄海之滨后，麋鹿在野外生活如鱼得水，自由自在，野生习性不断恢复，麋鹿群全年无须补饲。保护区科研人员对野放麋鹿进行了长期跟踪监测和研究，发现麋鹿昼伏夜出，在野外具有对栖息地的选择和识别能力，掌握对食源、水源和隐蔽地的寻觅技能，而且麋鹿脱角、生茸和换毛具有一定的规律性，发情交配、怀孕产仔、哺乳护仔及自我保护等都表现出野生鹿类的正常行为。这群麋鹿顺利闯过了野外觅食关、发情关、繁殖关、防护关，并于 1999 年3 月 8 日在野外产下 1 只雌鹿。这标志着中国野生放养人工繁育麋鹿的科研已经取得阶段性成果。

第二~六次麋鹿野放

保护区根据野放计划，于 2002 年 6 月 27 日又向黄海滩涂湿地放归 6只（2 雄、4 雌）麋鹿。至 2003 年 3 月，在野外共产下 4 只仔鹿。2003 年3 月 3 日清晨 6 点 5 分，保护区工作人员踩着晨露在树丛中找到了幼鹿的胎衣，证实了 1999 年 3 月 8 日出生的那只雌鹿在野外产下全球第一只野生麋鹿，这只完全野生状态下的仔鹿的出生，标志着江苏大丰麋鹿恢复野生种群有望变成现实。

2003年10月26日，保护区又挑选了18只麋鹿（6雄、12雌）放归自然，在黄海滩涂湿地进行了世界上首次大规模的麋鹿野放活动。这18只麋鹿在野外经历了第一个近10年未遇的寒流（−12℃）袭击，并能寻找到食源、水源和自然栖息场所，还于2004年3月18日产下1只仔鹿。

2006年，保护区再次选出21只麋鹿（7雄、14雌）放归自然。在1998年、2002年、2003年的最初3次野放麋鹿活动中，野放麋鹿繁殖率低于整个大丰半散养麋鹿群，死亡率也高于整个江苏大丰半散养麋鹿群，相应地，增长率也低。其根本原因是麋鹿野放范围内人类活动频繁，如修路、开荒、围垦和造厂，干扰了麋鹿群的正常生存、繁衍、栖息。但是，连续、多次的麋鹿野放活动，为黄海之滨野生麋鹿种群的建立奠定了基础。至2015年，野生麋鹿种群数量达265只，是野放数量的5倍。

2016年10月16日，在江苏大丰麋鹿回归三十周年暨野生放养活动上，时隔10年，30只麋鹿（14雄、16雌）再次被放归黄海之滨，进一步优化了野生种群结构，为全面恢复麋鹿野生种群奠定了更坚实的基础。为改善野生麋鹿种群基因，提高遗传多样性，扩大麋鹿保护成果，2020年11月8日，25只麋鹿（17雄、8雌）被放归黄海滩涂湿地。

2016年第五次麋鹿野放之前

2016 年第五次麋鹿野放

2020 年第六次麋鹿野放

麋鹿在黄海之滨的野外生活

随着黄海之滨野生麋鹿种群数量的增加，野生麋鹿栖息地范围也在扩大，以黄海海岸的滨海湿地为主，向大丰以外的地区扩散。

2019 年 6 月，麋鹿已扩散至南通市如东县境内。2020 年，在江苏大丰麋鹿国际级自然保护区往南 40 公里的盐城——东台条子泥湿地，保护区工作人员首次监测到 50 只麋鹿，2021 年 7 月，共监测到 300 多只麋鹿，条子泥湿地成为野生麋鹿种群新的聚居地之一。2021 年 6 月，江苏大丰麋鹿国家级自然保护区的野生麋鹿跨越约 180 公里，出现在长江北岸的南通启东北新镇。2022 年 6 月，1 只成年雄性麋鹿甚至扩散至上海崇明岛。

野生麋鹿种群在中国南黄海湿地自由活动，分布范围不断扩大，说明江苏大丰麋鹿国家级自然保护区野生麋鹿种群恢复工作取得了历史性的成功。

江苏大丰黄海之滨的野生麋鹿

江苏大丰黄海之滨的野生麋鹿

江苏大丰黄海之滨的野生麋鹿

江苏大丰黄海之滨的野生麋鹿

麋鹿重回自然——天鹅洲长江故道

石首麋鹿自然野化——特大洪水带来的意外之喜

麋鹿重引入项目第三阶段，是在长江或黄河流域开展麋鹿野放活动，恢复野生种群。前面我们提到了1998年长江特大洪水，正是这场洪水使得麋鹿重回自然的活动提前完成。

与人工野化不同，自然野化是指野化种群的建立完全是一个偶然的事件，整个野化过程没有受到人工干预，即野放的数量、性比、地点和时间等都未经过人为筛选。湖北石首麋鹿国家级自然保护区（简称石首保护区）野生麋鹿种群的建立即属于自然野化。

1998年夏季，长江发生特大洪水，34只麋鹿自然扩散至石首保护区外，11只麋鹿（3雄、8雌）东游至杨波坦上岸；另有23只麋鹿（6雄、17雌）横渡长江，南游至三合垸；而后其中的5只麋鹿（1雄、4雌）又从三合垸沿长江扩散至洞庭湖。

这次自然扩散的麋鹿种群逐渐适应野外自然环境，种群数量逐渐增加，目前已形成江北杨波坦、兔儿洲，江南三合垸及湖南洞庭湖四个野生种群。

石首保护区、杨波坦、兔儿洲、三合垸位置图

杨波坦、兔儿洲湿地位于长江北岸，与石首保护区距离约 15 公里。三合垸湿地位于长江南岸，与石首保护区隔岸相望，距离约 3 公里。这两处的湿地生境与石首保护区类似。

"出逃"到保护区外的麋鹿的生活如何？

自 1998 年开始，石首保护区工作人员每年会定期对杨波坦、兔儿洲、三合垸、洞庭湖四个麋鹿种群进行监测调查。每逢长江汛期，大水漫过麋鹿的栖息地，麋鹿就会向四周高地迁移，有时会进入农田。由于人为干扰及洪水影响，杨波坦、兔儿洲、三合垸麋鹿种群比石首保护区内种群增长速度要缓慢一些。

1998 年长江洪水期间自然扩散的麋鹿

1998 年长江洪水期间自然扩散的麋鹿

湖北石首杨波坦湿地生境

湖北石首三合垸野生麋鹿

夕阳下的天鹅洲

2010年2—5月，在过度采食芦苇嫩芽和天气变化较大等多种诱因的共同作用下，三合垸麋鹿种群遭受出血性肠炎疫情，出现批量死亡情况。种群数量从年初的223只直接下降至95只。但麋鹿疫情之后，该麋鹿种群并没有消失，而是缓慢地恢复。

幸运的是，离三合垸相对较远的杨波坦、兔儿洲种群并没有被波及。

目前，江北杨波坦、兔儿洲及江南三合垸麋鹿种群数量已经超过1 200只。

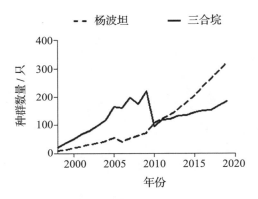

杨波坦和三合垸野生麋鹿种群动态

2019年8月初，由于长江水位上涨，杨波坦中有130只野生麋鹿自然扩散至兔儿洲。

湖北石首兔儿洲野生麋鹿

湖北石首兔儿洲野生麋鹿（麋鹿在泥浴）

湖北石首杨波坦野生麋鹿

湖北石首三合垸野生麋鹿种群

麋鹿重回自然——洞庭湖

洞庭湖区麋鹿的历史记载

历史记载，"荆有云梦，犀兕麋鹿满之"。荆指楚国，云梦也称云梦泽，距今3 000多年，面积达12 000多平方公里，不仅包括现在的江汉平原大部分地区，而且还包含洞庭湖平原。

澧水是洞庭湖水系第四大支流，从明万历《澧州志》、清乾隆十五年（公元 1750 年）《直隶澧州志林》、道光《续修直隶澧洲志》到同治七年《直隶澧州志·物产》均记载有"麋"。同治七年《石门县志·物产》："麋，群食泽草。"说明在洞庭湖有麋鹿分布。

洞庭湖的自然环境

洞庭湖（N27°39′～29°51′；E111°19′～113°34′），古称云梦、九江和重湖，位于长江中游荆江南岸，跨湘、鄂两省，是长江的主要集水区和泄洪区。

洞庭湖古代曾号称"八百里洞庭"，为中国第二大淡水湖，夏季水面总面积 2 691 平方公里，在冬季枯水季节，大面积的浅水沼泽、泥滩显露出水面。湖区属亚热带季风性湿润气候，年平均温度 16.4～17℃，1 月绝对最低温 –18.1℃，7 月绝对最高温 43.6℃，年降水量 1 100～1 400 毫米。洞庭湖呈现一派水流沼泽、河网平原地貌景观，东、南、西三面环山，北部敞口，为马蹄形盆地，地势西北高、东南低；湖体呈近似"U"形。

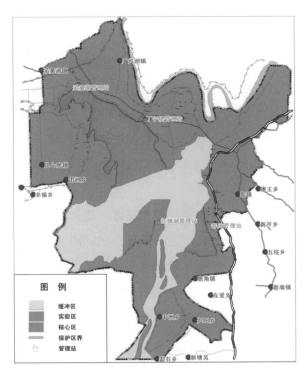

湖南东洞庭湖国家级自然保护区功能分区示意图

目前，洞庭湖区天然水域内已建立4个湿地自然保护区，分别是湖南东洞庭湖国家级自然保护区、湖南西洞庭湖国家级自然保护区、湖南南洞庭湖省级自然保护区和湘阴县横岭湖省级自然保护区。其中，湖南东洞庭湖国家级自然保护区、湖南西洞庭湖国家级自然保护区、湖南南洞庭湖省级自然保护区已列入《国际重要湿地名录》。

湖南东洞庭湖湿地是中国首批国际重要湿地，也是世界自然基金会认定的全球200个生物多样性热点地区之一。湖南东洞庭湖国家级自然保护区成立于1982年，面积1900平方公里。2015年1月，入选首批IUCN绿色名录。

洞庭湖麋鹿的自然野化

洞庭湖野生麋鹿种群的建立也属于自然野化。

1998年夏季，长江流域发生特大洪水，从湖北石首麋鹿国家级自然保护区"出逃"的麋鹿群中有5只麋鹿泅水越过长江，从华容境内进入洞庭湖区。也有报道称，1998年2月，在华容县就发现了11只麋鹿，其中2只送回石首保护区，其余的在湖区自然扩散。据此推断，洞庭湖区的麋鹿不是1998年洪水期间从石首保护区出逃的，时间应该是1998年2月甚至更早。

洞庭湖区丰富的植物资源为麋鹿的生长提供了充足的食物来源。自然野化的麋鹿已成功克服了夏季洞庭湖的高水位带来的生存困难，选择了短距离迁移：当洞庭湖水位上涨，栖息地淹没，鹿群越过防洪大堤，在临湖的苇地、山林、农田、果园等处栖息，它们在洞庭湖的活动范围越来越大，逐渐形成以红旗湖种群和注滋河口种群两个种群为主体，同时在西洞庭也有临时种群的状态。

2011年夏季，工作人员在洞庭湖的红旗湖区域调查麋鹿，在一望无际的芦苇荡、草洲、花海中行走寻找了一天，发现了大量新鲜的足迹和粪便，

只是没有见到麋鹿，也许是麋鹿的警惕性强，远远地听到有人靠近的声音，躲起来了。虽然没有见到麋鹿有点可惜，但是当亲眼见到洞庭湖这丰美的水草、优良的栖息环境，大家都为麋鹿在洞庭湖流域能有个美好的未来而高兴。

洞庭湖湿地生境

湖南东洞庭湖新洲芦苇站东野生麋鹿种群，
芦苇生境是麋鹿最喜欢的湿地生境之一。

经过近 25 年的发展，洞庭湖自然野化麋鹿种群经历了"探索性扩散—规律性扩散"等阶段，但仍处于发展壮大和分布范围不断扩散的过程中，栖息于湖北境内的麋鹿群体由于受到生境面积狭窄和种群密度制约等的影响，沿长江向东南扩散至东洞庭湖的趋势明显。东洞庭湖自然野化麋鹿亚种群数量达到 200 余只。

湖南东洞庭湖国家级自然保护区野化麋鹿种群介绍的宣传栏

洞庭湖区第一次重引入麋鹿野放

为改善洞庭湖麋鹿种群结构，促进种群复壮和基因交流，2016 年 2 月，由国家林业局、湖南省人民政府主办的"世界野生动植物日"宣传活动暨麋鹿引种放归洞庭湖仪式在湖南东洞庭湖国家级自然保护区举行。

此次野放地选址在湖南东洞庭湖国家级自然保护区的君山岛后湖管理站。2016 年 2 月 27 日，经过长达 30 小时左右的路程，跨越近 1 100 公里的路程，来自江苏大丰的 16 只麋鹿（5 雄、11 雌）顺利运抵湖南东洞庭湖，被安置在约 625 平方米大小的临时圈舍内。在临时圈舍期间，保护区工作人员给麋鹿进行混合喂养，用洞庭湖的水草拌着从江苏大丰带来的青贮饲料一起喂食，让它们慢慢从食性上过渡。

由于临时围栏所在位置为保护区的缓冲区，没有人类活动干扰，麋鹿群十分平静，随着4天的休整，这批麋鹿的体力逐渐从舟车劳顿中恢复过来。

野放地点选择在君山岛后湖管理站

麋鹿在君山岛后湖管理站的临时圈舍中

2016 年 3 月 3 日上午 10 点 30 分，围栏打开，刚开始铁栅栏挪动的声音惊得麋鹿挤到离工作人员最远的一角。但是很快它们发现了出路，在雄性麋鹿的带领下有节奏地飞奔向洞庭湖，两分钟后便消失在茫茫的芦苇丛中。

为便于实时追踪麋鹿的活动轨迹，科研人员给其中的 11 只麋鹿（1 雄、10 雌）佩戴 GPS 定位装置。一年的追踪发现，这批麋鹿已完全适应了洞庭湖区的生存条件，并分别融入红旗湖和注滋河口栖息的两个麋鹿种群。但是，并不是立即融入鹿群当中的，而是花了近 1 年的时间最终才会合融群。

洞庭湖区第二次重引入麋鹿野放

为了调节种源，促进基因交流，提高洞庭湖麋鹿的遗传多样性，提高洞庭湖麋鹿野生种群的存活力，加速洞庭湖种群的发展壮大。国家林草局决定再次开展洞庭湖野放麋鹿活动，并在 2020 年 12 月岳阳国际旅游节系列活动之一即 "第十一届洞庭湖国际观鸟节暨洞庭湖博物馆开馆仪式" 上启动。这次野放活动，将使得湖南东洞庭湖 "原始居民" 麋鹿、江苏大丰 2016 年野放的麋鹿、北京南海子野放的麋鹿，三处麋鹿首次融合。

在经历了 34 小时的长途旅行后，10 只来自北京麋鹿生态实验中心的麋鹿（6 雄、4 雌），于 2020 年 12 月 6 日上午 10 点抵达洞庭湖湖畔华容县的保护区缓冲区新洲芦苇场内的临时休息区。

这一次的麋鹿运输与以往的有所不同。

以往麋鹿运输装车时，都是使用麻醉装车法，这种方法存在许多弊端，首先，麻醉药对麋鹿的中枢神经系统有伤害，长途运输中的疲劳、应激使之对麋鹿的伤害扩大；其次，将麻醉状态下的麋鹿搬运上车的过程，有可能使胃液倒流入气管（它的气管内径宽达 4 厘米），造成异物性肺炎，带来更严重的伤害；最后，麻醉装车过程耗时较长，假设一次输出 10 只麋鹿，将麋鹿一只只麻醉、然后搬运上车，再统一注射解醒针，往往需要 3 小时以上，长时间麻醉也会伤害麋鹿身体的健康。为此，经过多次试验，总结出了非麻醉式装车法。

高速服务区停歇时麋鹿在车上的状态
（颗粒状的粪便说明麋鹿很健康）

准备卸车

麋鹿在临时圈舍中

而这次是首次将非麻醉式装车方法应用于野放麋鹿的运输，通过完全无损伤的方法让麋鹿主动走上车。所以当麋鹿下车进入 100 平方米的临时圈舍时，麋鹿虽然紧张，但是精神状态依然良好。

2020 年 12 月 7 日上午 10 点 15 分，在湖南东洞庭湖国家级自然保护区新洲芦苇场，工作人员打开临时围栏大门，在一只青年雄鹿的带领下，鹿群快速地跨过河沟，冲向洞庭湖湿地。

为了监测野放麋鹿，每只麋鹿均佩戴 GPS 定位项圈，用于研究麋鹿种群的生活习性、活动规律、生境适应性等，为野生麋鹿的保护措施和决策提供科学支撑。

青年雄鹿第一个冲出围栏

鹿群冲出围栏

麋鹿冲向洞庭湖

根据项圈追踪监测，这批麋鹿主要活动范围均在湖南东洞庭湖保护区内，仅在丰水期的 1 个多月有 2～4 只麋鹿跨过湖区进入农田区域。

根据工作人员 2021 年 4 月 14 日的调查，有 2 只雌鹿大部分被毛没有更换，所以我们推测 2021 年可能有 2 只新生麋鹿，因为怀孕雌鹿或者产仔雌鹿的被毛换毛时间比其他鹿迟 1 个多月。不幸的是，2021 年 10 月 4 日有一个项圈信号回复异常，工作人员前往查看时发现一只亚成体（2019 年生）雄性麋鹿身体消瘦且已死亡。在夏季巡护时，工作人员曾发现这只麋鹿后肢有点瘸，身体偏瘦。

目前剩余的麋鹿已经分散于洞庭湖区的湿地中，最多的一群为 4 只，仍然生活在一起。虽然发现有几只麋鹿曾和当地种群相遇，但还未发现它们融合在一起。

北京南海子种群与湖南洞庭湖种群、江苏大丰种群的融合交流情况，仍需要科研人员进一步观察和研究。

北京南海子麋鹿在洞庭湖的野外生活

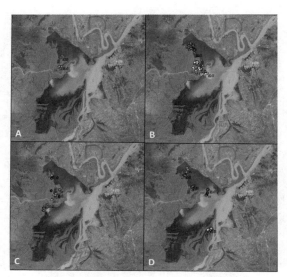

洞庭湖野放麋鹿 GPS 定位项圈分布图
（A.2020 年 12 月野放初期麋鹿分布情况；B.2021 年 5 月枯水期麋鹿分布情况；
C.2021 年 6 月丰水期麋鹿分布情况；D.2021 年 12 月枯水期麋鹿分布情况）

2021 年 5 月 25 日—2022 年 3 月 1 日一只成年雄性麋鹿的 GPS 定位项圈轨迹图
（几乎绕着洞庭湖行走一圈）

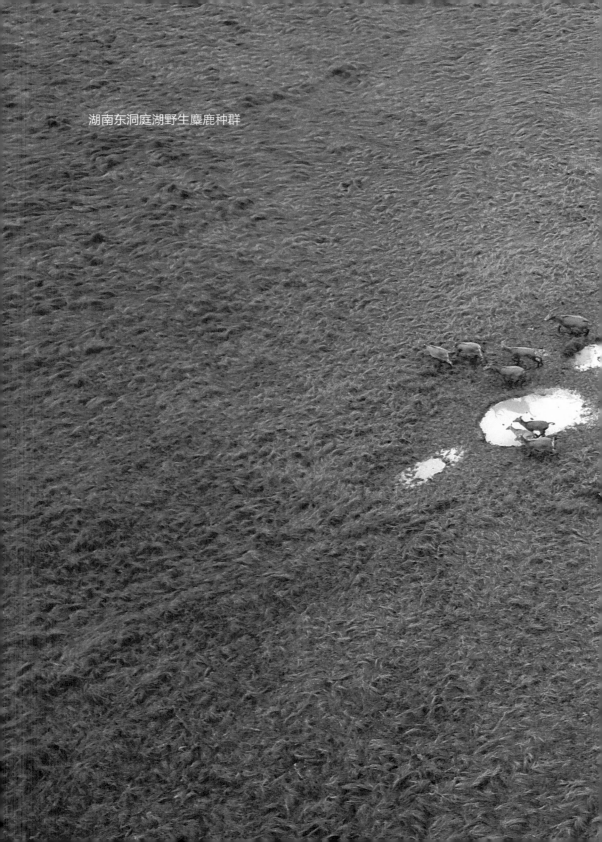
湖南东洞庭湖野生麋鹿种群

云梦泽——麋鹿的天堂

麋鹿重回自然——江苏盐城湿地

1998 年，在国家林业局的支持下，北京麋鹿生态实验中心与江苏盐城湿地珍禽国家级自然保护区合作启动盐城生物圈保护区麋鹿重引入项目，开展麋鹿迁地保护，扩大麋鹿种群分布范围。

1998 年，由北京麋鹿生态实验中心输出 10 只麋鹿（4 雄、6 雌）至江苏盐城湿地珍禽国家级自然保护区，圈养在面积约 30 亩的围栏内。经过 9 年的发展，种群近 20 只。2007 年秋季，这批麋鹿冲破围栏扩散至保护区里。

在保护区中，麋鹿对黄海滩涂湿地具有很强的适应性，能够顺利找到淡水水源。江苏盐城湿地珍禽国家级自然保护区以候鸟，尤其是丹顶鹤而闻名于世，而麋鹿的种群壮大属于默默发展，不被世人所关注。科研人员最初认为，2016 年，保护区麋鹿种群数量发展至近 40 只。但是，2021 年 9 月，江苏盐城湿地珍禽国家级自然保护区工作人员野外调查时，通过无人机拍摄监测发现，保护区内野生麋鹿种群数量至少有 400 只，其中有一个数量达到 200 余只的大群。目前，保护区麋鹿的种群数量已经超过 600 只。

可见，自然扩散的麋鹿种群在江苏盐城湿地珍禽国家级自然保护区繁衍良好，保护区有长达 120 公里的海岸线，而且它也是中国最大的滩涂湿地之一，野生麋鹿种群发展的潜力巨大。

江苏盐城湿地珍禽国家级自然保护区概况

江苏盐城湿地珍禽国家级自然保护区（N33°37′，E120°30′），地处江苏省中部沿海地带，总海岸线长 582 公里，保护区面积 247 260 公顷，是中国最大的滩涂湿地保护区之一，又称"联合国教科文组织盐城生物圈保护区"。它独特的地理位置成了不同生物界区鸟类连接的枢纽，并且是水禽以及众多候鸟迁徙以及越冬的重要驿站，是东北亚与澳大利亚候鸟迁徒以及越冬的重要停歇地，也是中国野生丹顶鹤最大的越冬地。属于典型的季风性气候区，同时受海洋气候调节，年平均气温 13.7 ～ 14.6℃，年平均降水量 980 ～ 1 070 毫米。保护区内近海岸处的海水盐度年平均值处于 29.52‰～ 32.34‰。

江苏盐城湿地珍禽国家级自然保护区于 1983 年成立，1992 年晋升为国家级自然保护区，与此同时也被联合国教科文组织世界人与生物圈协调理事会批准为生物圈保护区；1996 年，被纳入"东北亚鹤类保护区网络"；2002 年，被列入《国际重要湿地名录》。

江苏盐城湿地珍禽国家级自然保护区野生麋鹿

江苏盐城湿地珍禽国家级自然保护区野生麋鹿

江苏盐城湿地珍禽国家级自然保护区野生麋鹿

江苏盐城湿地珍禽国家级自然保护区野生麋鹿

江苏盐城湿地珍禽国家级自然保护区野生麋鹿

第一次在北方原生地野放麋鹿——木兰围场

　　为了进一步开展麋鹿野化放归，使麋鹿真正回归木兰围场，重现该地区野生种群，国家林草局决定在河北滦河上游国家级自然保护区开展麋鹿野放活动。2010 年 6 月 26 日，6 只麋鹿与 12 只梅花鹿一起被放归自然。

　　此次野放活动是河北滦河上游国家级自然保护区自 2008 年 9 月与北京麋鹿生态实验中心联合开展的"麋鹿迁地保护区项目"的第二阶段，6 只成年麋鹿（2 雄、4 雌）是从野化训练种群中挑选出来的。这也是首次在中国北方原生地野化放归麋鹿，对野放麋鹿耐受寒冷气候和食物选择进行研究；首次在麋鹿身体上试验佩戴中国自主研发的"卫星定位手机传输跟踪系统"（探感 GG 跟踪器），以实现利用手机网络低成本、更方便地对放归野外的麋鹿进行定时、动态跟踪和监测。选择皇家猎苑作为这次麋鹿放归的地点也是对历史的纪念与警示，时刻提醒人们要爱护野生动物，保护生物多样性。

这次放归活动是一次野化放归试验，通过对放归的麋鹿实行动态监测，为今后大规模放归提供技术依据。放归后，麋鹿面临取食、被捕食以及繁殖后代等多方面的生存压力。由于野放麋鹿频繁出现在村庄和农田，破坏当地经济作物，给村民造成较大的经济损失；加之项圈信号接收等问题，此次野放试验没有取得成功，其中 3 只麋鹿被迫收回至保护区训练场，另外 3 只麋鹿因项圈失去信号最终没有被找回来。

木兰围场麋鹿野放

木兰围场的麋鹿

最大规模的麋鹿野放——鄱阳湖

  2017 年，经过多次考察论证，国家林业局决定开展麋鹿重引入鄱阳湖项目的第二阶段野外放归，同时再次从北京麋鹿生态实验中心引入 30 只麋鹿（17 雄、13 雌），与野化训练种群融合，进行种群调节，提高该种群的遗传多样性和野外生存能力，将它们一起放归鄱阳湖野外，最终建立鄱阳湖流域麋鹿野生种群。2018 年 4 月 3 日，江西省第 37 届"爱鸟周"宣传活动暨麋鹿野放鄱阳湖仪式在鄱阳湖国家湿地公园举行。

两批麋鹿相融合，一起奔向鄱阳湖

2018 年 3 月 27 日下午，30 只麋鹿通过 2 辆长 9.6 米的高护栏货车，从北京麋鹿生态实验中心运往鄱阳湖国家湿地公园麋鹿野化训练场。2018 年 3 月 29 日上午 10 点，经过 30 余小时，这批麋鹿顺利运抵鄱阳湖。

麋鹿冲下车厢进入野化训练场后，很快就跑向了第一批野化训练的麋鹿。最先向"原始居民"鹿群靠近的是几只胆大的雄鹿，大部分"原始居民"并没有太大的表情或者行为，吃草、休息，不为新加入成员所干扰。小部分则和新成员们互相闻了闻，算是打招呼。其实这里面有些鹿互相之间还算是"老相识"，只是有近 5 年时间没见面了呢！

第二批引入的 30 只麋鹿很快与"原始居民"麋鹿合群。在 5 天的体力恢复期和健康观测期过后，科研人员发现整个麋鹿种群十分和谐，第二批经过长途运输的麋鹿体力恢复良好。此外，可喜的是，"原始居民"中有只麋鹿于 2018 年 3 月 30 日顺利产下 1 只幼仔。

第二批麋鹿与"原始居民"麋鹿和谐相处

新生小麋鹿安静地卧在距离鹿群较远的围栏下

2018 年 4 月 3 日上午 11 点 30 分，47 只麋鹿被成功放归，真正踏上了祖先们生活过的鄱阳湖。这次放归项目是目前中国开展的最大规模的一次麋鹿野放活动。

麋鹿冲向鄱阳湖

麋鹿冲向鄱阳湖

放归活动中的母子情深

2018 年 4 月 3 日，麋鹿野放活动开始后，那只出生仅 4 天的小麋鹿没有跟上大队伍，出了围栏就一直"呦，呦呦——"叫，在草丛中无助地奔跑，摔倒了又爬起来，边叫边跑，而这时候鹿群已经跑远。小麋鹿无助地在湖边草地上迷茫徘徊，它仅出生 4 天，还没有独自生存的能力，却要独自面对旷野。

鹿群奔向出口

小麋鹿错过了出口还留在圈里

鹿群向鄱阳湖深处奔去

小麋鹿无助地走在湖畔连声"呦，呦呦——"呼唤着妈妈

半小时过去，野放项目组成员和记者们已经看不到鹿群的身影，只能干着急，无法提供任何帮助。根据麋鹿的习性，大家猜测母鹿有可能会找回来。如果不回来，只能采取人工哺乳的方式。这时大家都在心中默默地祈祷，母鹿快点找回来！

与母鹿走散 1 个多小时后，小麋鹿的体力不断下降，最后不得不藏身在草丛中休息恢复体力。大家焦急万分，犹豫着是否要把它抱回人工哺育。但是，大家又不甘心，希望它们能够团聚，期待着奇迹发生。最后大家决定还是再等一等。

令人惊喜的是，在大家的期盼下，远处湖边慢慢出现了两个身影，是一只母鹿和她的一个同伴找了回来。它们一边走，一边东张西望，同时不断"呦——"地呼唤着小麋鹿。不过，由于草滩面积太大了，母鹿们并没有找到小麋鹿。

远处突然出现 2 只母鹿的身影

　　不知不觉间，两只母鹿在湖边徘徊了半小时，它们在不停地呼唤。但是此时工作人员也不知道小麋鹿的藏身之处，没有发现小麋鹿在哪里。时间一点点过去，母鹿们一声声"呦——"地呼唤，越来越焦急，却始终未见到小麋鹿的身影。慢慢地，母鹿和"阿姨"已经回到围栏圈舍附近呼叫和寻找，可是又找了半小时左右，母鹿仍然没有找到小麋鹿。

　　工作人员尝试走进湖边草丛中寻找，最终在一片绿色沼泽中找到了小麋鹿，发现它蜷缩在草丛中休息。最后大家决定通过敲打附近水池，发出水波的声音，水声惊醒了小麋鹿，小麋鹿一瘸一拐地朝着母鹿的方向跑去，但是它此时未发现自己的母亲又回来找它。当来到围栏边时，小麋鹿似乎也听到了妈妈的呼唤，它加快了脚步；母鹿也似乎听到了小麋鹿的叫声，于是它突然回过头来，见到了小麋鹿。当小麋鹿回到母鹿的身边，能够感觉到它终于放松了紧绷的神经。在分开近 2 小时后母鹿和小麋鹿终于相聚。不过没有时间休息，母鹿的警觉性很强，它时刻注意着周围的动静，将小麋鹿护在身旁，舔舐一阵后，带着小麋鹿游向鄱阳湖深处。

小麋鹿躲藏在草丛中

母鹿能回来寻找小麋鹿，表明产仔麋鹿的母性很强，这正是麋鹿能拥有较高繁殖成活率以及快速繁衍壮大的原因之一。

A. 小麋鹿慢慢地跑到了围栏边，边跑边"呦，呦呦——"叫；B. 母子终于相见；
C. 母鹿在舔舐和安慰小麋鹿；D. 母鹿带着小麋鹿游向鄱阳湖深处

在北京南海子麋鹿苑，也会上演"母子情深"的场景。产仔季节，当我们对新生小麋鹿做标记时，每次母鹿听到小麋鹿惊叫，就会有好几只母鹿同时迅速冲向工作人员，十分生气而紧张的样子，在距离10米左右处徘徊。当工作人员迅速完成标记工作并将小麋鹿送回围栏内时，母鹿们会立刻跑过来，将小麋鹿护在身后，带离到安全距离后，不停地舔舐小麋鹿，好似不停地安慰它："宝贝，别怕。"几只雌鹿一起跑过来护子，这一特性在麋鹿这一物种身上表现得十分明显。为什么会有其他的雌鹿陪伴母鹿回来寻找小麋鹿，具体原因仍不清楚。与它同行的雌鹿是否与小麋鹿存在一定的血缘关系？还是它与母鹿的关系很好？这都有待科学家们深入研究。

鄱阳湖麋鹿的野外生活

2018年8月15日，鄱阳县野保站工作人员在莲湖乡发现9只麋鹿，其中1只为幼崽；2018年9月22日，在双港镇的长山岛湿地发现8只麋鹿，其中2只为幼崽。

2019年3月10—13日，工作人员对鄱阳湖湿地的银宝湖乡、莲湖乡、双港镇进行野放麋鹿生境和种群考察，并在银宝湖乡发现1个15只麋鹿的种群，其中2只为2018年生亚成体。这表明麋鹿幼崽渡过了2018年丰水期洪水的考验，成功存活。经历了2018年一次洪水考验之后，野放麋鹿适应了鄱阳湖的栖息环境，并找到了适合的栖息地。在洪水季节，麋鹿会远离湖区迁移至湖中的岛屿，以及湖区周边的湿地、农田和山林地区，在洪水过后又返回湖区湿地。

银宝湖乡麋鹿种群

2018 年 8 月迁移至余干县白马桥乡山区的麋鹿

2019 年 4 月 18 日一大早，鄱阳县银宝湖乡和平村报来喜讯，在银宝湖种群发现了两只新生的小麋鹿。这两只小麋鹿的诞生表明野放麋鹿顺利地度过了 2018 年的丰水期，已经能够完全适应野外生存环境，自然繁衍。

2019 年 4 月银宝湖乡西河湿地麋鹿第一次野外产仔

2019 年 9 月，项目组调查时发现，这些麋鹿自然分散成 5 个群在不同片区栖息，其中选择银宝湖乡西河、莲湖乡与双港镇交界的汉池湖两处草洲生活的两个群成员最多，均超过 15 只麋鹿；剩余的麋鹿则组成 3 个小群，分布在该县其他乡镇境内，或都昌、余干、万年等湖区县较隐蔽的山林、滩涂生活。

2021 年 6 月 1 日，在江西南昌市的成新农场发现 16 只麋鹿，其中有 2020 年汛期来的 7 只麋鹿，说明麋鹿已经扩散至南昌市的湖区。

鄱阳湖丰水期落单的麋鹿

2022 年 3 月，银宝湖乡麋鹿种群已经远离了原来的分布区域（原来它们喜欢在和平村外 2 公里的湿地），向鄱阳湖湖区深处迁移，仅在丰水期才上岸。它们的野性变强了，当志愿者距离 500 米时，它们就开始警戒，慢慢离开。2022 年 6 月，有两小群麋鹿（分别为 7 只和 8 只）出现在该区域。遗憾的是，没有在这两群麋鹿中发现新生仔鹿的身影。

2022 年 8 月上旬，工作人员在鄱阳县银宝湖乡调查时发现 10 只麋鹿

（6 只在珠池湖、4 只在下阵塘），同期，有湖区环境巡护志愿者在都昌县朱袍山水域发现 16 只，在都昌和合水域发现 8 只。2022 年 11 月 28 日，在南矶湿地保护区，工作人员在下北甲湖区发现 41 只。2023 年 1 月，在永修县吴城湖区（距离野放地点 50 余公里）发现了 3 只雄性麋鹿。目前，鄱阳湖湖区麋鹿活动范围涉及整个东鄱阳湖湖区，种群数量约 80 只，主要分布于鄱阳县、都昌县、南昌市、余干县。丰水期麋鹿主要分布于鄱阳湖区中的数十个岛屿上，如长山岛、朱袍山等岛屿群，枯水期又回到湖区中。

　　鄱阳湖麋鹿种群数量的增长，也引发了新的烦恼。截至 2020 年 5 月，先后有 4 只麋鹿被野外废弃渔网缠绕，其中获救 3 只，死亡 1 只；丰水期到来的时候，因觅食空间日渐缩小，成群麋鹿频繁闯入鄱阳县莲湖、银宝湖、双港等乡镇境内稻田偷吃禾苗，造成逾千亩稻田遭破坏，致使农户利益受损。

鄱阳湖丰水期麋鹿在村庄旁

丰水期鄱阳湖中的小岛或者周边的小山丘成为麋鹿的临时居所

8 中国麋鹿保护为何如此成功?

ZHONGGUO MILU BAOHU
WEIHE RUCI CHENGGONG

　　尽管重引入对珍稀濒危物种保护具有重要意义,但是珍稀濒危物种的每一次重引入活动、做的每一步决定都是在冒险,存在诸多自然因素、人为因素以及物种本身等不确定因素,可能导致重引入活动失败。

　　世界上早期的重引入项目成功率往往低于20%,在2008—2021年的7份IUCN全球重引入项目年度报告中,完全成功或部分成功的重引入项目占比为54%～79.7%。这也凸显出中国麋鹿重引入项目成功的重要性,因为它可以给世界物种重引入项目提供可借鉴的理论依据。

　　通常判定物种重引入成功的4个评判指标:

　　① 成功繁殖第一代野生幼仔;

　　② 幼仔的出生率超过成年动物的死亡率,并且连续3年及以上种群持续增长;

　　③ 成为一个可以自我繁衍维系的野生种群;

　　④ 野生种群规模超过500个个体。

　　中国麋鹿重引入项目完全达到这4项指标,因此我们可以很自豪地说,中国麋鹿重引入项目十分成功。

那么，究竟是什么原因使得中国麋鹿保护如此成功呢？

麋鹿自身的原因

适应环境能力强

作为大型食草动物，麋鹿在中国历史上就属于广布种，生活和栖息范围由北向南，遍及辽河流域、海河流域、黄河流域、淮河流域、长江流域和珠江流域。麋鹿具有较强的适应性，它的食性较广，能够适应多种类型的生境，如江苏大丰的黄海滩涂湿地、湖南洞庭湖的湖泊湿地、河北木兰围场和内蒙古大青山的高寒山地生境等。而且麋鹿能够适应不同的环境温度，既耐寒又抗热，能够在 −30 ～ 40℃的环境中生存，从最北的哈尔滨动物园到最南的海南枫木鹿场均能够存活繁衍。

繁殖能力强

作为神经质鹿类动物，麋鹿虽然胆子较小，但是它的繁殖能力较强，它的出生率和幼仔的繁殖存活率都较高，而死亡率较低，使得保护区内麋鹿的种群数量迅速增加。北京南海子、江苏大丰和湖北石首三个种群的出生率都超过 20%，而死亡率均低于 8.50%。虽然没有全国野生种群幼仔的繁殖成活率的数据，但北京南海子种群幼仔的平均繁殖成活率高达 83.4%。

同样的例子，加拿大 Mackenzie Bison Sanctuary 和 Mink Lake 重引入野牛幼仔的存活率分别达到 54.31% 和 61.14%，而它们的成年平均死亡率为 7.1%，这些原因使得加拿大野牛种群数量逐渐恢复。中国新疆野马繁殖中心人工繁育和野放的普氏野马种群幼驹的繁殖存活率分别高达 86.7% 和 75.3%，使得中国普氏野马种群数量逐年稳步增加。

但是，由于有些重引入项目的高死亡率，使得濒危物种种群迟迟没有发展起来。例如，阿拉伯联合酋长国人工繁育的亚洲波斑鸨虽然孵化率较高，但受到沙狐、大鵟和棕尾鵟等天敌的捕食，从孵化的卵到发育到成鸟的总体存活率仅 10% 左右；在巴西东北部海岸野放的人工繁育海牛幼仔存活率低，严重阻碍它们野外种群的恢复。

保护策略的原因

政府的支持

首先，中国为麋鹿重引入项目专门成立了北京麋鹿生态实验中心和江苏大丰麋鹿国家级自然保护区。为恢复长江流域麋鹿野生种群专门成立了湖北石首麋鹿国家级自然保护区。

其次，1995 年，江苏大丰麋鹿自然保护区被列入"人与生物圈自然保护区保护网络"。1997 年，江苏大丰麋鹿自然保护区晋升为国家级自然保护区。2002 年，江苏大丰麋鹿国家级自然保护区被列入《国际重要湿地名录》。2003 年，江苏大丰麋鹿国家级自然保护区被湿地国际列入"东亚—澳大利亚鸟类保护网络成员"。2019 年，中国黄（渤）海候鸟栖息地（第一期）包含江苏大丰麋鹿国家级自然保护区、江苏盐城湿地珍禽国家级自然保护区等黄（渤）海湿地被批准列入《世界遗产名录》，成了中国第一个湿地世界自然遗产。1998 年，湖北石首麋鹿自然保护区晋升为国家级自然保护区。麋鹿已经成为江苏大丰和湖北石首两地的城市名片。2000 年，第三个特地为保护麋鹿及其生态系统的保护区——湖南集成麋鹿省级自然保护区成立。

最后，1998 年，长江洪灾之后，长江中下游地区开始实施退田还湖、移民建镇工程。2016 年 1 月 5 日，习近平总书记在重庆召开推动长江经济带发展座谈会，强调把修复长江生态环境摆在压倒性位置，共抓大保护、不搞大开发。2021 年 3 月 1 日，《中华人民共和国长江保护法》正式实行，开始了长江流域"十年禁渔"政策。野生麋鹿的重要栖息地——长江流域的生态系统逐渐恢复。

"三步走"战略

根据 IUCN 发布的《物种重引入指南》中濒危物种恢复的指导，中国麋鹿保护工作者总结出"三步走"战略这一宝贵经验。它的核心是：第一阶段，麋鹿种群得以复壮，拥有足够的种群数量基础；第二阶段，开展迁地种群建设，有计划地将麋鹿分散到全国适宜麋鹿生活的地方，提高麋鹿的遗传多样性；第三阶段，恢复自我维系的野生种群，通过野化训练将麋鹿放归野外，使其适应野外生活，实现自我繁衍。"三步走"战略是麋鹿得以保护的"路线图"，也是中国麋鹿保护实践的经验总结。

科学研究

麋鹿在中国本土消失近百年，引进之初科学家对于麋鹿的生物学特征、生态学、生理学、行为学等方面的了解均属空白，尤其是野生条件下的所有信息。

老一辈和新一代的麋鹿保护工作者和科学家们在实践中不断地努力和探索，开展了麋鹿的生态学、解剖学、繁殖学、行为学、疾病防控以及栖息地恢复与保护等学科领域的科学研究，完成了麋鹿生物节律、遗传基因组、发情机制、饲养管理技术、人工繁育技术、人工育幼、野生麋鹿扩散机制、麋鹿系统解剖研究、难产问题、血蜱防控、出血性肠炎疾病防控、野生麋鹿种群网络化管理、栖息地的修复和改造、非损伤装车运输等研究，形成了众多科研成果。

重引入地点选择合理

地点的选择对于重引入项目的成功至关重要。

北京南海子和江苏大丰的麋鹿重引入选择在具有与其原栖息环境相似植被的地点，使麋鹿在生活方式改变较小的条件下接受新地区气候、植被等生态环境的选择，完成原产地风土的再驯化过程。江苏大丰、湖南东洞庭湖、江西鄱阳湖等地开展的野放活动，地点都选择在麋鹿历史分布区的核心区域，具有高质量的生境，这对于人工繁育的麋鹿来说，能够方便它们很快地适应当地的自然环境。

事实上，在全球开展的野放项目中，并不是所有的野放地点都能够拥有良好的生境。1987年，中国重引入赛加羚羊，并在甘肃武威濒危动物繁育中心建立了12只个体的基础种群。至2017年，该中心的赛加羚羊种群数量达到200只，但是种群年均增长率缓慢，仅有3%。科学家研究认为，甘肃武威濒危动物繁育中心位于赛加羚羊的历史分布区之外，当地并非赛加羚羊的适宜栖息地，这可能是重引入的赛加羚羊种群增长缓慢的原因之一。

重引入种群结构科学合理

在重引入和迁地保护初期，种群大小和性比科学合理十分重要。北京南海子的基础种群为38只，雌雄性比为33∶5，江苏大丰的基础种群为39只，雌雄性比为2∶1，湖北石首的基础种群为64只，雌雄性比为23∶9；它们最初的出生率分别高达60.8%、30.3%、33.3%。种群基数较大，以及合理的性比，为重引入第一阶段麋鹿种群快速复壮奠定了基础。这也是几乎每次麋鹿迁地种群建立时，多采用1.5∶1～2∶1的雌雄性比的原因，雌多、雄少，有利于快速繁殖、扩大种群。

法律保护

麋鹿作为中国特有珍稀濒危物种，1988年就被列为国家一级保护野生动物；IUCN濒危物种红色名录将其列为野外灭绝。麋鹿和它的栖息地均受《中华人民共和国野生动物保护法》保护，这是麋鹿种群得以恢复的基础。

宣传教育

麋鹿保护的成功离不开公众宣传教育。几乎每一次麋鹿的迁地保护、野化放归活动，央视、地方主流媒体等均会跟踪报道。每年的世界野生动植物保护日、国际生物多样性日、野生动物保护宣传月和爱鸟周等，各地野生动物保护管理机构、自然保护区和媒体均会宣传野生动物保护知识。北京南海子、江苏大丰、湖北石首等地的麋鹿保护故事已经写入当地的教育课本中，对当地中小学生进行宣传教育。北京南海子有专门的麋鹿话剧等宣传手段，科普教育进入中小学课堂。每年6月前后在江苏大丰麋鹿国家级自然保护区上演"鹿王争霸"直播；2018年开始，北京（国际）麋鹿文化大会每年定期在北京南海子麋鹿苑举办。这些已经成为麋鹿保护宣传的品牌。

鄱阳县各村镇的野生麋鹿保护宣传

社会公众的参与和支持

首先，社会公众的生态保护意识日益提高。2007 年，生态文明建设作为国策被正式提出，首次写入中国共产党第十七次全国代表大会报告。2012 年，党的十八大确立了生态文明建设在社会主义建设"五位一体"总体布局中的核心地位。环境、生态和生物多样性保护在中国引起了更多的关注，社会公众的野生动物保护意识逐渐提升。

随着生态文明理念不断深入人心，在野外遇到麋鹿时，村民都会主动向保护区、湿地公园或野生动物保护部门报告。有麋鹿踩踏了庄稼，村民们也是温和驱赶，不会恶意伤害；还会把一些走失的麋鹿幼崽保护起来，并及时上报。人鹿和谐相处，给麋鹿自然生存营造了良好社会环境。

其次，麋鹿保护社会公益组织的出现。2016 年 8 月，在岳阳民间自发成立了中国首个麋鹿保护的社会公益组织"岳阳市东洞庭湖麋鹿保护协会"。2016 年 9 月，协会与湖南东洞庭湖国家级自然保护区管理局合作建立了中国首个"东洞庭湖麋鹿和鸟类救治避难中心"，中心占地 400 余亩，自建成后就承担起东洞庭湖区域全部麋鹿的救援、医治、康复和喂养任务。目前共救助麋鹿 38 只。

最后，社会公众积极参与麋鹿的保护工作。在野外当遇到麋鹿被洪水围困、被废弃渔网困住或者被深水沟困住的时候，当地群众会和麋鹿保护工作人员第一时间予以救援。2017 年 1 月—2019 年 12 月，江苏大丰麋鹿国家级自然保护区围栏外共救助野化麋鹿 209 次，救助数量达 409 只。2020 年，鄱阳县林业部门组建了麋鹿保护志愿者队伍及救助团队，聘用了 42 名志愿者为野生动物巡护员，重点监测麋鹿，并对麋鹿栖息地的废弃渔网进行清理。2022 年夏季，长江流域遭遇了极端大旱，洞庭湖流域和鄱阳湖流域水位达到历史极低位，干旱的湖面出现大量废弃渔网，当地政府和野生动物主管部门组织大量志愿者，及时清除了数以吨计的废弃渔网。

东洞庭湖麋鹿和鸟类救治避难中心的麋鹿

　　无论是江苏大丰、湖北石首、湖南洞庭湖，还是江西鄱阳湖都多次救护过被渔网、池塘等困住的麋鹿，这些救护次数并不是简简单单的数字，因为每一次成功救护都是麋鹿保护工作者付出巨大努力和汗水的结果。当麋鹿被发现受困时，它们不会和人一样安静地配合救护人员施救，它们听不懂人类的语言，也无法明白人类的善意举动。麋鹿是典型的神经质动物，胆小易惊，当有人靠近时它会更加拼命地挣扎、试图摆脱被困的结局，会害怕，心跳会加速，产生强烈的应激反应，心脏和精神遭受巨大的压力。同时，不断挣扎会加速它们力竭，最终容易导致不可逆的伤害。麋鹿重达

东洞庭湖麋鹿和鸟类救治避难中心的麋鹿

200 余公斤，爆发力十足，有巨大而坚硬的鹿角，容易造成人员受伤。在野外很难获得麻醉药，即使有麻醉药也很难靠近麻醉。这就给救护工作增加了难度。要将一只雄性麋鹿控制住，"老老实实"地配合人们将缠绕在其角上的渔网取下并非易事，几乎每次麋鹿救护工作都需要多位精壮的小伙子花费好几个小时才能够顺利完成。

2020 年，世界自然基金会（WWF）、江西省野生动物保护协会及北京麋鹿生态实验中心联合开展"鄱阳湖麋鹿保护"行动，设立首批 10 万元补助性奖励基金，鼓励鄱阳和余干两县境内麋鹿栖息核心区的农户及志愿者清理 1 000 张废弃渔网。

鄱阳湖麋鹿被渔网困住，麋鹿保护工作者和志愿者参与施救

9

麋鹿保护
还存在哪些挑战？

MILU BAOHU
HAI CUNZAI NAXIE TIAOZHAN

有限的环境承载力

北京南海子和江苏大丰的麋鹿半散放种群增加迅速，已经远远超过当地的环境容纳量，密度分别为每平方公里 497.5 只和每平方公里 293.7 只，每天都需要人工补饲。湖北石首保护区内麋鹿虽然不需要人工补饲，但是近年来由于种群迅速增加，密度达到每平方公里 95.7 只，给保护区内植被带来了巨大压力，逐渐出现退化的现象。

遗传多样性低以及存在潜在的疾病风险

麋鹿已经野外灭绝了一个多世纪，现今麋鹿作为高度近交的种群（近交系数高达 0.20 ～ 0.28）经历了许多次遗传"瓶颈"。

（1）1867 年开始，英、法、德等国在华人士从仅存于北京南海子的 200 余只麋鹿中运走了几十只。

（2）麋鹿经历了 19 世纪末极其严重的"瓶颈效应"，现今世界上所有麋鹿都是十一世贝福特公爵收集在乌邦寺庄园 18 只麋鹿的后代。

（3）麋鹿经历了乌邦寺庄园对外输出的多次"间歇性瓶颈效应"。

（4）中国现有的麋鹿都是重引入中国的 77 只麋鹿的后代。其中，湖南洞庭湖流域的野生麋鹿主要是从湖北石首自然扩散出的 10 只左右麋鹿的后代，江苏盐城湿地珍禽保护区的麋鹿都是北京南海子种群 10 只麋鹿的后代。

多次遗传"瓶颈"使得麋鹿的遗传多样性逐渐降低，而较低的遗传多样性又导致麋鹿抵抗随机风险的能力下降，容易受到疾病的严重威胁。在国外，恶性卡他热是麋鹿种群的首要致危因素，已有多个动物园发生过麋鹿恶性卡他热群体性死亡事件。在国内，出血性肠炎等肠道疾病极易导致麋鹿死亡，是影响麋鹿种群发展的主要疾病。湖北石首、北京南海子、江苏大丰以及一些动物园都发生过不同规模的出血性肠炎导致麋鹿死亡的事件，甚至出现灭群情况。

栖息地破碎化

麋鹿是典型的湿地物种，虽然历史上中国中部和东部地区的湿地是它们的原生地，但是这些湿地同样适合人类生活居住，并且已经被人类占领。仅有长江流域和黄河流域中极小的地方留给它们，而且属于破碎化状态。

虽然一些科学家认为湖北石首的三合垸、杨波坦以及湖南洞庭湖之间的麋鹿种群存在交流的可能，但事实上，它们是被人为活动和农田分隔开的。在黄海滩涂湿地中，江苏大丰鹿群和江苏盐城麋鹿种群相隔虽仅 100 公里左右，然而它们被大丰港分隔开来，无法进行种源交流。

人为干扰

　　人为干扰被认为是影响野生动物重引入成功与否的重要因素。在食肉动物的重引入项目中，人为因素往往导致一半以上的个体死亡。

　　江西鄱阳湖野放麋鹿以及湖北石首、湖南洞庭湖、江苏大丰的野生麋鹿，都发生过麋鹿被渔网困住而死亡的事件，废弃渔网成为野生麋鹿的"天敌"。因传统劳作习惯，渔民随意将渔网堆放在滩涂或湖边，破旧的渔网更是乱抛乱扔，由于雄性麋鹿有喜欢用角挑起青草来"炫耀"自己及吸引雌性的行为习性，很容易被渔网缠绕，无法脱身。如果没有被施救，最终很可能面临不断挣扎、过劳而死的结局。

　　此外，也有关于麋鹿在公路上被车撞死亡的报道。在湖北石首的杨波坦、兔儿洲和三合垸湿地，近年来存在人为开垦和破坏的情况，有的地方被开垦为池塘，或者种植经济林。

鄱阳湖麋鹿被渔网所困

湖北石首兔儿洲野生麋鹿

人兽冲突

人兽冲突，是野生动物保护面临的重大威胁之一。"人象冲突""人虎冲突""人豹冲突"……一直威胁着这些珍稀濒危物种。

长江中下游地区是"鱼米之乡"，这里人口十分密集，尤其到了夏季，长江、洞庭湖、鄱阳湖水位上涨，野生或野放麋鹿"上岸"，其栖息地与人类生活的区域有了高度的重合，从而导致"人兽冲突"，麋鹿会破坏庄稼和农作物。

在江苏大丰麋鹿国家级自然保护区周边，社区居民为了防止麋鹿破坏农田庄稼，不得不把农田用围栏围起来。近年来，随着野生麋鹿种群数量的逐渐增加，麋鹿与社区居民的冲突事件逐渐增多。

2010年，河北滦河上游国家级自然保护区麋鹿野化放归活动的失败，主要是由于麋鹿频繁进入人类居住生活的山谷湿地平原，对当地农作物造成破坏，最终导致此次麋鹿野放活动无法继续进行。

丰水期麋鹿进入鄱阳湖湖区周围的农田

野生种群分布区域较少

虽然我国现有麋鹿野生种群数量已经超过 5 000 只，但是麋鹿野生种群分布区域极少，仅江苏大丰、江苏盐城、湖北石首、湖南洞庭湖和江西鄱阳湖等 5 个区域有分布。

但是根据 2014 年中国第二次湿地资源调查，长江流域自然湿地面积约 945.68 万公顷，黄河流域自然湿地面积约 392.92 万公顷，其中长江中下游湿地面积达 578 万公顷；而且长江流域就有 168 个湿地保护区或湿地公园（含 17 个被列入《国际重要湿地名录》的湿地公园）。这些地方是建立麋鹿野生种群的潜在栖息地。

后记
HOUJI

　　中国的麋鹿保护历经 30 余年，中国政府为麋鹿的保护付出了举世瞩目的努力，麋鹿保护的成功是几代科学家和麋鹿保护工作者不懈努力，以及积极参与麋鹿保护的相关部门、社会各界与公众不断付出的结果。

　　作为跨过灭绝边缘的物种，中国麋鹿保护的成功，是一个令世人印象深刻的典型案例，向国际社会展现了生物多样性保护的中国智慧和生态文明建设的中国成果。

　　"国家兴则麋鹿兴"，麋鹿的中国故事承载了生态修复、文化振兴与民族复兴的丰富内涵。麋鹿保护的发展历程，是中国野生动物保护事业的生动写照，为今后的濒危物种保护提供了科学借鉴，为中国生物多样性保护事业注入了信心和力量。

　　习近平总书记在党的二十大报告中指出，"中国式现代化是人与自然和谐共生的现代化"。中国野生动物保护已经进入一个新时期，中国麋鹿保护仍然存在诸多困难，该如何应对这些挑战？

　　第一，国家层面上亟待制定麋鹿保护总体规划和建立统一的监测平台和规范。

第二，在长江流域和黄河流域等麋鹿历史分布地，迫切需要开展更多新的野化放归项目，以扩大麋鹿野生种群的数量和分布范围。

第三，需要设计和建造野生动物走廊，尝试将江苏大丰麋鹿国家级自然保护区和江苏盐城湿地珍禽国家级自然保护区之间，以及湖北石首的三合垸、杨波坦和湖南洞庭湖之间的栖息地连接起来，促进麋鹿亚种群基因流动。

第四，发展以麋鹿保护为样本的绿色生态旅游，提高当地社区居民经济收入，同时完善生态补偿机制，解决麋鹿与社区居民的冲突问题，提高社区居民保护麋鹿的积极性。

第五，对于种群密度较大的保护区，应进行麋鹿环境承载量的科学评估，开展麋鹿种群预测预警工作，对麋鹿种群进行科学管理，实现从数量到质量上的转变。如可尝试引入中型食肉动物（狼）或者其他人为控制种群的方式，以控制局部地区麋鹿种群的快速增长。

以上只是抛砖引玉，由于知识水平有限，书中难免有疏误之处，恳请各位专家和读者批评指正，共同探讨。本书是在一代代麋鹿保护工作者研究成果的基础上完成的，是在同事们和老师们的关心和帮助下完成的，在此向各位前辈、专家、同事表示感谢！本书中一些精美图片，由雷刚、侯一农、马海波、李东明、陈国远、范厚才、易梓林、徐峥、于长流、杨启波、李政以及湖北石首麋鹿国家级自然保护区管理处和内蒙古大青山国家级自然保护区管理局提供。同时，此书的出版受到北京市财政项目（23CB064、11000022T000000440772、11000022T000000440650）、北京麋鹿生态实验中心春华项目（2022003）和北京动物园圈养野生动物技术北京市重点实验室开放课题项目（ZDK202306）的资助，在此一并表示感谢！

同在蓝天下，共享大自然。野生动物是人类的朋友，是生态系统中重要组成部分，是地球大家庭中的一分子。关爱野生动物，保护环境，就是保护我们人类自己。麋鹿保护工作与其他野生动物保护、自然环境保护工作一样，是一份令人向往的事业。我的家乡在闽北革命根据地武夷山脚下的一个小山村，青山、绿水、蓝天，许许多多美丽的鸟儿和不知名的小动物伴随着我的成长，山村优美的环境使得我热爱野生动物，崇尚大自然。怀着对大自然的向往，大学期间我毅然选择了野生动物保护专业，老师们的言传身教和悉心教诲使我受益无穷。毕业后，我有幸来到国宝麋鹿的发现地、灭绝地和重引入地——北京南海子麋鹿苑工作，在建设生态文明的美好新时代，从老一辈麋鹿守护者手中接过接力棒，参与到这一传奇物种的保护事业中，在新征程的道路上奋勇前行！

程志斌

2023 年 3 月于北京南海子麋鹿苑

主要参考文献

ZHUYAO CANKAO WENXIAN

[1] IUCN/SSC Re-introduction Specialist Group. Iucn Guildlines for Re-introductions[M]. IUCN, Gland, Switzerland and Cambridge, UK, 1998.

[2] Maria Boyd. The saving of the Père David's deer (Elaphurus davidianus) in Woburn Abbey, England, at the turn of the 20th century and the reintroduction to China in the Mid-1980s [C]// 刘艳菊 . 麋鹿与生物多样性保护国际研讨会论文集 . 北京：北京科学技术出版社，2015.

[3] Zhibin Cheng, Xiuhua Tian, Zhenyu Zhong, et al. Reintroduction, distribution, population dynamics and conservation of a species formerly extinct in the wild: A review of thirty-five years of successful Milu (Elaphurus davidianus) reintroduction in China[J]. Global Ecology and Conservation, 2021, 31, e01860.

[4] 白加德 . 麋鹿生物学 [M]. 北京：北京科学技术出版社，2020.

[5] 曹克清 . 野生麋鹿绝灭时间初探 [J]. 动物学报，1978（3）：90-92.

[6] 曹克清 . 野生麋鹿绝灭原因的探讨 [J]. 动物学研究，1985，6（1）：111-115.

[7] 曹克清 . 中国的麋鹿 [J]. 野生动物学报，1983，（4）：12-18.

[8] 程志斌，刘定震，白加德，等 . 麋鹿鹿角脱落、群主更替、产仔的年节律及其环境影响因子 [J]. 生态学报，2020，40（18）：6659-6671.

[9] 戴居华 . 麋鹿回故乡 [M]. 北京：中国环境科学出版社，2007.

[10] 丁玉华 . 达氏麋鹿 [M]. 南京：南京师范大学出版社，2017.

[11] 蒋志刚，李春旺，曾岩，等 . "占群"还是"挑战"？不同时间限制条件下麋鹿个体的交配计策（英文）[J]. 动物学报，2004，（5）：17-24.

[12] 李鹏飞，丁玉华，张玉铭，等 . 长江中游野生麋鹿种群的分布与数量调查 [J]. 野生动物学报，2018，39（1）：41-48.

[13] 罗浩 . 34 头麋鹿落户湖北 [J]. 大自然，1994，3：40.

[14] 寿振黄 . 麋鹿 [J]. 生物学通报 .1955，11.

[15] 谭邦杰 . 麋鹿归还祖国记 [J]. 野生动物，1986，（1）：10-13.

[16] 王蔚君，邓原林，田同华 . 天鹅洲麋鹿大营救 [J]. 绿色大世界，1998，（6）：20-22.

[17] 王玉玺，张淑云 . 从麋鹿的形态特点探讨其生境 [J]. 野生动物学报，1983，5（5）：10-13.

[18] 杨道德，蒋志刚，马建章，等 . 洞庭湖流域麋鹿等哺乳动物濒危灭绝原因的分析及其对麋鹿重引入的启示 [J]. 生物多样性，2005，13（5）：451-461.

[19] 杨道德 . 洞庭湖区麋鹿（Elaphurus davidianus）重引入的研究——历史、实践、可行性 [D]. 哈尔滨：东北林业大学 .2004.

[20] 张林源，吴海龙，钟震宇，等 . 北京麋鹿苑麋鹿种群的微卫星多态性及遗传结构分析 [J]. 四川动物，2010，29（5）：505-508.